Leinen los!

Freilauftraining für den Hund

INGA BÖHM-REITHMEIER | KATHARINA VON DER LEYEN

Leinen los!

Freilauftraining für den Hund

VON DER WILDSICHT ZUR EINSICHT

Grundlagen für den Freilauf

ERZIEHUNG, TRAINING, FÜHRUNG

So arbeiten Sie richtig mit dem Hund

VON HUNDEN UND MENSCHEN

Katharina von der Leyen: Das Leben mit Hunden ist spannend und aufregend – und manchmal kann es auch eine echte Herausforderung sein. Die Instinkte, die den Vorfahren unserer eigentlich so hinreißenden, sanftmütigen Wunderhunde erlaubten, in der Wildnis als freie, gnadenlose Beutemacher zu überleben, stehen in direktem Gegensatz zu unserem gepflegten urbanen Umfeld (und dessen Hundeverordnungen), in dem die meisten von uns mit ihren Hunden heutzutage leben. Diese uralten Instinkte können eine echte erzieherische Herausforderung bedeuten – manchmal hat man sogar das Gefühl, dass man sie niemals in den Griff bekommen wird. Wenn wir allerdings anfangen, uns in unsere jagdlich motivierten Hunde (das klingt so viel netter als »Jagdsau« oder »Wilderer«, finden Sie nicht?) hineinzuversetzen, sozusagen etwas Hunde-zentrischer zu denken und unsere persönliche Meinung zu dem Thema einmal auszuklammern, wird es viel einfacher, mit unseren Hunden und ihren Instinkten zu arbeiten, anstatt gegen sie. Wir können ihnen tatsächlich beibringen, wie sie sich in unserer Welt angemessener und trotzdem frei bewegen können, ohne sie dabei zu etwas zu machen, das sie nicht sind.
Natürlich kostet es ein bisschen Zeit. Wer einen Hund erziehen möchte, muss genauso fokussiert, gut gelaunt, ideenreich und kreativ sein wie sein Hund. Aber die Zeit, die wir mit hundefreundlicher, hundeverständlicher Erziehung in unseren Hund investieren, wird nicht nur dazu führen, dass unser Hund sich so verhält, wie wir es uns von ihm wünschen: sondern auch zu einer tieferen, innigeren Beziehung zwischen uns und unserem Hund – weil wir ihn viel besser verstehen, und er uns.
Und das ist eine Investition, die sich auf jeden Fall lohnt.

Inga Böhm-Reithmeier: Vor etwa 20 Jahren arbeitete ich auf einer großen Alm in der Schweiz, umgeben von atemberaubender Landschaft, wunderschönen Wäldern, duftenden Kräuterwiesen und Bergquellen. Auf dieser Alm lebten auch zwei Hunde, Prabhu und Lucy, die mich jeden Morgen auf dem Hof begrüßten. Als ich einmal mit einem Freund eine kleine Wandertour machte, kamen die Hunde wie selbstverständlich hinter uns her. Meine Versuche, sie zum Haus zurückzuschicken, ignorierten sie. So waren wir zu viert unterwegs, ohne dass ich mich um die Hunde kümmerte. Mal liefen sie voraus, mal hinterher, ab und zu verschwanden sie im Wald und kamen ein Stück weiter wieder zu uns. An einem Bachlauf machten wir Rast, als mir auffiel, dass ich die Hunde schon einige Zeit nicht mehr gesehen hatte – da kamen sie auch schon aus dem Wald geschossen und tobten um uns herum, bis sie erschöpft neben uns in die Wiese fielen. Wie schön war diese Hundebegleitung! Wir hatten sie weder aufgefordert, noch gelockt oder gar bestochen, mitzukommen, wir stellten keinerlei Erwartungen aneinander. Niemand musste eine Verantwortung oder die Kontrolle übernehmen. Wir waren einfach zusammen auf demselben Weg unterwegs.
Dieser Wanderung mit Prabhu und Lucy entsprang mein Bedürfnis, meinen Umgang und mein Training mit Hunden weiterzuentwickeln – denn ich hatte erfahren, dass man auch gelassen und ohne Zwänge, Ängste, Erwartungen und Kontrolle zusammen spazieren gehen kann.
Ein Spaziergang mit Ihrem Hund sollte Ihnen Kraft geben und nicht den letzten Nerv rauben. In der Wirklichkeit sind viele Hundebesitzer aber geradezu überfordert, wenn sie mit dem Hund spazieren gehen, weil er alles tut, was er nicht tun soll. Also bleibt der Hund besser an der Leine – sein Leben lang.
Mit diesem Buch möchten wir Ihnen Trainings-, Erziehungs- und Führungsmöglichkeiten an die Hand geben, um gleich heute mehr Ruhe in Ihren Hundespaziergang zu bringen, damit Sie die Zeit mit Ihrem Hund in der Natur genießen und eine wortlose Verständigung zu Ihrem Hund aufbauen können. Denn das wünschen wir uns doch in Wirklichkeit alle.

VON DER WILDSICHT ZUR EINSICHT

Grundlagen für den Freilauf

WHO LET THE DOGS OUT?

Was der Mensch zum Freilauf seines Hundes braucht: Respekt, Gelassenheit und Verständnis vom Hund

Zum Freilauf gehört ein bisschen mehr, als einfach nur die Leine vom Hund loszumachen. Kaum ist die Leine nämlich ab, macht der Hund uns klar, was wir ihm alles noch nicht beigebracht haben: auf uns zu achten oder zu kommen, wenn wir ihn rufen, in unserer Nähe zu bleiben, nicht grölend auf andere Hunde zuzurennen, nicht im Freiheitsrausch über weite Felder oder durch fremde Gärten zu galoppieren …
Unser Problem ist dabei meistens, dass wir nicht wissen, wie wir unseren Hunden einen »angemessenen«, sicheren Freilauf beibringen können. Wir haben keinen Plan, was eigentlich passieren soll, nachdem wir den Hund von der Leine gelassen haben: Wie weit darf er sich eigentlich entfernen? Darf er ins Gebüsch oder nicht? Bis zu welchem Abstand bleibt er abrufbar? Haut er uns nicht gleich ab? Und wenn er außer Sichtweite ist – ab wann ist lange weg zu lange weg?

Bevor Sie irgendetwas von Ihrem Hund verlangen, müssen Sie sich zuerst darüber klar werden, was Sie eigentlich von Ihrem Hund erwarten. Hundehalter ticken da in der Regel ganz ähnlich. Die meisten von uns wünschen sich einen sicheren, frei laufenden Hund, der strahlend und mit einem Lächeln im Gesicht zurückkommt, wenn wir ihn rufen, der uns so vertraut, wie wir ihm, und der gerne auf das achtet, was wir tun und was wir von ihm erwarten.
Klingt eigentlich gar nicht so schlimm – trotzdem sieht die Wirklichkeit meistens ganz anders aus.

Tatsache ist: Ein Hund kann nur so gut mitarbeiten, wie sein Mensch es ihm vorgibt. Wenn uns jemand einen Formel-1-Wagen schenkt, dazu die erfahrensten Mechaniker und die besten Reifen, dann können wir den Großen Preis von Italien trotzdem nicht gewinnen, weil wir gar keine Ahnung davon haben, wie dieser Wagen tickt, wie er sich in der Kurvenlage verhält und wann wir die Reifen wechseln müssen. So ist es auch mit Hunden. Wir können den besten Hund mit den großartigsten Anlagen haben: Wenn wir nicht verstehen, wie er tickt, was ihn antreibt, wie man ihn richtig anspricht und führt und wie er, der Hund, uns Menschen wahrnimmt – dann kann er nicht zeigen, was in ihm steckt, und eine Zusammenarbeit wird sehr schwer.

»Um unseren Hund vernünftig zu erziehen, müssen wir mit ihm zusammenarbeiten – und nicht gegen ihn und seine Instinkte.«

Denn wir müssen *mit* dem Hund arbeiten, nicht gegen ihn. Ein Jagdhund zeigt nun mal Jagdverhalten, so, wie ein Hütehund manchmal eben auch fremde Kinder oder Radfahrer hütet. Es sind die normalen Verhaltensweisen für diese Arten von Hunden – auch wenn sie in unserem normalen familiären Umfeld häufig nicht angemessen sind und wir sie »in den Griff« bekommen müssen, um mit ihm friedlicher leben zu können.

Wenn wir innerlich allerdings grundsätzlich davon ausgehen, dieses oder jenes Verhalten sei »schlecht« und müsse »abgestellt« werden, dann arbeiten wir gegen das natürliche Verhalten unseres Hundes – und damit auch gleichzeitig gegen ihn.

Um ihn vernünftig und nachdrücklich erziehen zu können, müssen wir mit dem Hund zusammenarbeiten und darauf eingehen, was die Gründe sind, wenn er sich zu weit von uns entfernt oder sich gar davonmacht. Wir müssen ihm für jedes Verhalten, das uns nicht gefällt, eine neue Option anbieten, wie er sich stattdessen verhalten soll. Diese Option wird so lange wiederholt – also »ritualisiert« –, bis er sie übernimmt und sie für ihn selbstverständlich wird.

Erziehung ist rituelles Fördern von erwünschten Verhaltensweisen. Nur so können wir sein Verhalten anpassen und modifizieren, den Hund erziehen – alles andere wäre ein Unterdrücken natürlicher Verhaltensweisen, und das hält nicht lange an. Menschen, die keine Tischmanieren gelernt haben, stützen sich gewöhnlich mit den Ellenbogen auf den Tisch, hängen sich über den Teller in die Nähe ihrer Gabel und schlürfen ihr Essen in sich hinein. Wenn man dieses Verhalten nur »unterdrückt« – also immer nur »Lass das!« schnauzt, werden sie schlecht gelaunt beim Essen, entwickeln eine Essstörung, wenn Gesellschaft da ist, und fallen – kaum halten sie sich für unbeobachtet – wieder in ihr Höhlenmenschen-Essverhalten zurück. Sie sind also nicht besser erzogen, sondern passen sich an, um keine Ermahnung zu bekommen. Wenn jemand allerdings von Anfang an erklärt bekommt, dass es einfach angenehmer aussieht, wenn man am Tisch gerade sitzt und die Gabel zum Mund führt und nicht den Mund zur Gabel, und dies schlicht und ergreifend die einzige Art ist, zu essen, dann wird er auch in den dunkelsten Stunden seiner Existenz bei Tisch gerade sitzen, die Ellenbogen neben dem Körper lassen und weder schlürfen noch schmatzen: Das ist dann gute Erziehung. Und ein Segen, wenn man sich so umsieht.

Manche Hunde nutzen das gemeinsame Toben, um sich ganz beiläufig zum Jagengehen zu verabschieden.

HOUSTON, WIR HABEN EIN PROBLEM

Wir müssen zuallererst einmal herausfinden, was eigentlich das spezifische Problem unseres Hundes im Freilauf ist. Das kann von Hund zu Hund unterschiedlich sein.

Die typischen Probleme sind:

- Unerwünschtes Jagdverhalten
- Der Hund hört nicht mehr – er ist nicht abrufbar
- Er entfernt sich zu weit
- Der Hund bringt sich und/oder andere in Gefahr
- Er belästigt Jogger, Radfahrer, Nordic Walker etc.

Es gibt dabei viele Gründe, die einen Hund »ins Abseits« treiben und ihn veranlassen, sich zu weit von seinem Menschen zu entfernen oder wegzulaufen. Tatsächlich folgt nicht jeder Hund, der sich davonmacht, einer Spur oder geht jagen, gut möglich, dass einer der folgenden Punkte zutrifft.

STREUNEN

- Manche Hunde gehen kurz ein bisschen »Zeitunglesen«, informieren sich entlang der Dorfstraße, wer hier heute schon alles vorbeigekommen ist, wer neu hinzugezogen ist und wer bald läufig wird. Wenn sie ihrerseits ausgiebig markiert und sich ausgetauscht haben, kommen sie auch wieder nach Hause. (Das ist keine Szene aus einem Astrid Lindgren-Buch: in manchen ländlichen Gegenden geht das tatsächlich noch.)
- Andere Hunde sitzen den ganzen Tag alleine im Garten und langweilen sich zu Tode. Diese Hunde überwinden alle Zäune und Grenzen, weil sie etwas erleben wollen: Es sind einfach sehr soziale Tiere, die Spaß und Unterhaltung suchen.
- Wieder andere Hunde hauen ab, weil sie bestrebt sind, ihre herrlichen Gene möglichst weitläufig zu verstreuen.

ANGST- UND PANIKVERHALTEN

- Ein Hund, der gegen einen Elektrozaun rennt, wird vom Besitzer in genau diesem Moment gerufen und hat dementsprechend plötzlich Angst vor seinem Menschen, weil er sich einbildet, das Rufen habe etwas mit dem Stromschlag zu tun.
- Ein Hund trifft im Unterholz ein Wildschwein, erschreckt sich (zu Recht) und macht, dass er möglichst weit weg kommt.
- Hunde aus dem Tierschutz, die viele Umweltreize noch nicht kennengelernt haben, können bei normalen, aber für sie unerklärlichen Reizen ins Fluchtverhalten fallen.

»Ist die Stimmung des Besitzers schlecht, will der Hund möglichst viel Abstand zwischen Mensch und sich selbst legen.«

STRESSVERHALTEN

- Die Stimmung in der Nähe des Besitzers oder der anderen Hunde ist so angespannt, dass der Hund möglichst viel Abstand zwischen sich und die Anspannung legen möchte.
- Der Hund muss andauernd für seinen Besitzer »etwas tun« – Dummies suchen, für sein Futter »arbeiten« etc. –, sodass er mal ein bisschen Zeit für sich braucht auf dem Spaziergang und deshalb seinem Besitzer buchstäblich aus dem Weg gehen möchte.
- Vielleicht ist ein sehr anstrengender fünf, sechs Monate alter Junghund dabei, der die älteren Hunde ständig anspielen möchte – die daraufhin mindestens 100 Meter Abstand halten, damit sie ihre Ruhe haben.
- Oder es sind die (ungewohnten) Enkelkinder dabei, was die Ruhe gewohnten Hunde nervt.
- Eventuell gibt der andere Hund, der dabei ist, die ganze Zeit subtile Drohsignale ab, die wir Menschen vielleicht gar nicht bemerken.
- Oder ein Hund möchte partout nicht über die nasse Wiese wie sein Besitzer, der vernünftiges Schuhwerk trägt, und läuft lieber in Blickkontakt auf dem parallelen Weg.

EIGENSTÄNDIGKEIT

- Manche Hunde sind einfach Eigenbrötler, sie tauchen sowohl unter den Mischlingen auf als auch bei bestimmten Rassen, die einfach sehr eigenständig sind, die nicht zur engen Zusammenarbeit mit dem Menschen und zum »Folgen« gemacht wurden, wie viele der Schlittenhunderassen oder der Herdenschutzhunde.

ENTWICKLUNGSPHASEN

- Zwischen dem 9. und dem 18. Monat tritt bei den meisten Hunden eine Art der Pubertät ein – das ist auch der Zeitpunkt, zu dem die Jagdpassion ihren Höhepunkt erreicht. Die Neugier und die Leidenschaft treibt den Hund in die Ferne, gepaart mit der Konzentrationsspanne einer Ameise. Das nervt zwar, ist aber nicht schlimm, denn es geht wieder vorbei: Wenigstens raucht er nicht heimlich und fährt nicht Motorrad ohne Helm. Das ist doch auch was.

BESITZERWECHSEL

- Ein Hund, der gerade erst in ein neues Zuhause gekommen ist, muss erst eine Beziehung zu dem neuen Menschen aufbauen. Das kann eine Weile dauern, denn meistens werden Hunde ja deshalb abgegeben, weil aus irgendwelchen Gründen keine oder eine nur sehr schwache Bindung zwischen Mensch und Hund bestand. Bis dieser Hund versteht, was man eigentlich von ihm möchte, gehen häufig auch mal mindestens vier bis sechs Wochen ins Land.

GIERIG NACH SOZIALKONTAKTEN

- Manche Hunde wollen einfach unbedingt allen Hunden Hallo sagen und folgen Hundespuren über ein, zwei Kilometer – und wenn sie den anderen dann eingeholt und angemessen begrüßt haben, kommen sie auch gleich wieder zurück.

SONDERFÄLLE

- Die gibt es natürlich auch: Manche Hunde passen in überhaupt keine Kategorien. Zum Beispiel Hunde, die aus dem Tierschutz kommen und ohne Leine in ein Fluchtverhalten fallen, weil sie die Leine als Sicherheitsanker betrachten und völlig überfordert sind, wenn sie ohne Leine frei laufen müssen. Hunde, die handscheu sind. Hunde, für die das leiseste Erheben der Stimme schon zu viel Druck ist. Oder Hunde, deren Lebensmotto lautet »Ich WILL aber« und die erst lernen müssen, dass der Weg nicht durch die Wand führt. Die brauchen dann einen sehr sensiblen Besitzer und einen noch viel sensibleren Trainer, der genau erkennt, mit wem er es zu tun hat.

FREIWILLIGES FOLGEN

Wenn die Stimmung zwischen Hund und Mensch passt, bleibt er eher in der Nähe und ist auch unter Ablenkung ansprechbarer.

In wild lebenden Hunderudeln oder -gruppen gibt es immer wieder solche, die mit ihrem Verhalten »anecken«. Diese Hunde werden von den Älteren zurechtgewiesen, aber wenn es auf Dauer nicht besser wird, werden sie irgendwann der Gruppe verwiesen. Manchmal kommen sie dann nach ein paar Tagen wieder und passen sich dann besser an, manchmal bleiben sie auch weg und treffen andere Hunde, denen es genauso ergangen ist und gründen mit denen neue Familien. Jedem Hund und jedem Wolf steht es jederzeit frei, in seiner Gruppe zu bleiben oder nicht, sobald das Tier aus biologischen Gründen nicht gezwungen ist, noch in der Nähe seiner Eltern zu bleiben. Das Rudel oder die Gruppe können manchmal ziemlich nerven, aber es gibt auch klare Vorteile: Man ist geschützter, die Jagd ist effektiver, die Versorgung meistens besser, und man hat einen bestimmten Platz, der einem zugewiesen wurde, der einem gehört, Sicherheit vermittelt, wo man sich entspannen kann.
Man weiß: Hier gehöre ich hin. Aber das ist abhängig von einem harmonischen Umfeld.
Das Interessante ist: Die meisten unserer Hunde hätten auch mehrmals am Tag die Möglichkeit, zu gehen. Sie könnten aus der Tür huschen, sie könnten beim Spaziergang auf Nimmerwiedersehen abhauen, sie könnten über den Gartenzaun springen, sich aus der Halsung winden, aus dem Auto hopsen, wenn wir gerade nicht aufpassen – und dann wären sie weg. Hunde, die weg möchten, könnten einfach gehen.
Aber sie tun es nicht. Sie kommen immer wieder. Das ist doch eigentlich ein netter Zug von unseren Hunden, finden Sie nicht?
Wenn die Stimmung zwischen Hund und Mensch passt, bleiben sie eher in der Nähe und bleiben auch unter Ablenkung ansprechbarer.

FOLGEN IST STIMMUNGSSACHE

Eine der ersten Fragen, die sich der Hundebesitzer also stellen sollte, lautet: Bin ich die Begleitung, die ich mir selber auch aussuchen würde? Würde ich gerne mit jemandem wie mir spazieren gehen (mal ganz abgesehen von langen Beinen, Waschbrettbauch oder schönen Haaren: Das hilft einem auch nicht weiter, wenn der andere die ganze Zeit Unsinn erzählt, genervt oder angespannt ist)? Meistens will man nur bei jemandem bleiben, der entspannt und amüsant ist. Wer unangenehm ist, unsicher und ängstlich oder einen anrempelt, anschnauzt und eine gereizte Stimmung ausstrahlt, den meidet man tunlichst.

So geht es Hunden auch: Viele Hunde verschwinden länger, obwohl es gar keine jagdlichen Gründe gibt, weil sie einfach mal Abstand brauchen von ihren Menschen. Hundehalter, die andauernd versuchen, ihre Hunde aus Unsicherheit, Angst, Sorge und/oder mangelndem Vertrauen zu kontrollieren, sind für ihre Hunde richtig anstrengend. Sie werden permanent überfordert von der Atmosphäre, die der Hundehalter kreiert. Unterschätzen Sie Ihren Hund nicht: Er ist durch das tägliche Zusammenleben mit Ihnen ein Experte für Ihre Stimmungen. Er merkt, ob Sie angespannt sind, bevor Sie selber es verstanden haben. Wenn wir mit je-

Miteinander statt gegeneinander: Der gemeinsame Spaziergang soll ein schönes Unterfangen für beide Seiten sein.

mandem spazieren gehen, der sehr angespannt ist, überträgt sich das häufig auch auf uns – und plötzlich laufen unsere Hunde aus dem Ruder, wofür wir zunächst gar keine Erklärung haben. Die jeweilige Stimmung des anderen kann eine Situation vollkommen verändern – entweder auflösen oder kippen lassen. Darum ist es beispielsweise auch kontraproduktiv, zwei Hunde, die sich angespannt gegenüberstehen, auch noch anzuschnauzen oder in Erwartung einer Katastrophe dazwischenzugehen: Auf diese Weise treibt man die Hunde geradezu in eine Auseinandersetzung hinein, weil man dem eigenen Hund vermeintliche Rückendeckung gibt. Geht man stattdessen ruhig in die andere Richtung und gibt den Hunden damit Raum und Luft, während man dem Hund mit lockerem Tonfall »Weiter!« zuruft, gibt man ihm die Option, die Spannung aufzulösen, indem er die Möglichkeit hat, zu folgen.

Der Umgang mit Hunden ist – wie eigentlich alles im Leben – eine Frage der inneren Haltung. Wir wollen nicht für den Rest unseres gemeinsamen Lebens der Bodyguard unseres Hundes sein und jeden Blick, jeden Schritt kontrollieren müssen, sondern dem erwachsenen Hund eine gewisse Verantwortung und Selbstbestimmung zurückgeben. Er ist schließlich kein elektrisches Auto, das ohne Fernsteuerung alleine nicht funktioniert. Lassen Sie ihn doch einfach mal.

HUNDE KENNEN KEIN »RICHTIG« ODER »FALSCH«

Nehmen Sie es nicht persönlich, wenn Ihr Hund sich nicht so verhält, wie Sie es von ihm wollen. Werden Sie nicht ärgerlich – er ist nur ein Hund, er tut das, was Hunde nun mal tun.

Sie haben ihm einfach bisher nicht gut genug vermitteln können, was das »richtige« Verhalten ist – also das, was wir uns von ihm wünschen. Ein Hund hat keine Vorstellung von unserem »richtig« oder »falsch«. Wenn Sie aufhören, sein Verhalten zu *bewerten*, werden Sie entspannter. Stellen Sie sich vor, Sie würden mit einem Elefanten oder einem Huhn arbeiten: Sie würden auf den Elefanten auch nicht böse werden, wenn er sich wie ein Elefant verhält, oder einem Huhn übelnehmen, dass es auf eine Stange hopst. Beobachten Sie Ihren Hund, versuchen Sie das, was er tut, grundsätzlich erst einmal neutral anzunehmen, und lösen Sie dann Ihr Problem (seines ist es nämlich nicht).

JAGDVERHALTEN

Jagdverhalten ist eine Instinkthandlung eines jeden Raubtieres, die der Nahrungsbeschaffung dient –, wie alle Verhaltensweisen, die dazugehören: Scannen, Beobachten, Stöbern, Spurensuchen, Ausschauhalten, Packen, Beißen, Töten, Fressen etc.

Das Jagen ist ein natürliches, angeborenes Verhalten und gehört zum normalen Hundeverhalten, obwohl das Jagdverhalten für die Beschaffung von Nahrung bei den Haushunden keine Rolle spielt: Sie bekommen sie zu Hause ja gratis. Aber unsere Hunde gehören noch immer zur Gattung Raubtier, auch wenn sie nicht mehr so aussehen und auf Designerkissen schlafen. Dabei ist Töten heutzutage ein gesellschaftliches Tabu (nur komischerweise nicht bei den Katzen: Da nimmt man es irgendwie hin und graust sich höchstens, wenn der Hauslöwe einem eine geköpfte Maus in die Pantoffeln legt, und betrachtet das sogar gerührt als Geschenk. Bei einem Hund, der einem ein geköpftes Rehkitz auf die Schwelle transportiert, sähe die Sache schon ganz anders aus). Dazu kommt, dass man sich als Hundebesitzer natürlich große Sorgen macht: Die Wartezeiten können sehr lang werden, denn manche Hunde brauchen eine halbe Stunde oder noch viel länger, bis sie zurückkommen, und da steht man nun im Wald und weiß auch nicht, wie es jetzt weitergehen soll ... Und je länger es dauert, desto größer die Angst, dem Hund könnte etwas zustoßen, er könnte überfahren oder erschossen werden oder einen Verkehrsunfall verursachen. Es ist also wichtig für uns, unseren Hund und die Umwelt, diese angeborene Verhaltensweise kontrollieren zu können.

WODURCH WIRD JAGDVERHALTEN AUSGELÖST?

- Bewegung. Wenn sich ein Beutetier wie eine Beute verhält – Flucht, Angst, Scheu –, dann wird automatisch Jagdverhalten ausgelöst. Das kennt fast jeder bei Katzen: Rennt die Katze los, läuft der Hund hinterher. Sitzt die Katze aber, haben die meisten Hunde großen Respekt vor ihr – vor allem, weil sie sich nicht wie ein Beutetier verhält.
- Geräusche. Wenn es im Gebüsch raschelt, Enten oder Gänse quaken, es irgendwo knackt, Fasanen oder Kraniche rufen (daher auch »Ruf der Wildnis«).

»Anzeichen für Jagdverhalten sind Schnüffeln am Boden, Wittern, Scannen der Umgebung oder das Fixieren von etwas in der Ferne.«

- Gerüche von Wild oder Wildfährten – je nachdem, wie frisch sie sind. Am häufigsten nehmen Hunde Fährten von Rehwild auf, weil es relativ viele Duftdrüsen an den Schalen (Hufen) hat, während Hasen oder Kaninchen aufgrund ihrer behaarten Läufe für unsere Vierbeiner nur schwer zu »erriechen« sind.
- Hunger. Gerade bei Hunden, die irgendwann selbst für ihre Nahrung sorgen mussten – wie z. B. ehemalige Straßenhunde –, kann Hunger Jagdverhalten motivieren. Bei diesen Hunden legt sich »ein Schalter um«, sobald sie Hunger verspüren, ganz anders als die Hunde, die gelernt haben, sich beim geringsten Hungergefühl einfach mit einem besonders seelenvollen Blick an uns zu wenden. Auch Unterzuckerung kann dafür sorgen, dass der Hund sehr aufgeregt und übrigens eher schlecht gelaunt ist (Sie kennen das vielleicht von Männern ohne Frühstück: Entspannt ist was anderes).
- Erfolgserlebnisse. Manche Hunde merken sich ganz genau, dass vor zweieinhalb Wochen an genau dieser Stelle ein Reh stand – und werden dann regelmäßig kurz vor dieser Stelle nervös.
- Stimmungsübertragung. Wenn der Mensch angespannt ist und permanent Ausschau hält nach Rehen und Hasen, überträgt sich diese Stimmung auch auf den Hund.
- Dazu gehört auch die Doppelpack-Dynamik. Ein neuer, zweiter Hund, den man in die Familie integriert, kann das Jagdverhalten des ersten massiv verstärken, weil die beiden eine Art chemische Reaktion eingehen, die für unsere entspannten Spaziergänge ungünstig sind. Sind die Hunde jeweils ohne den anderen, sind sie völlig entspannt und jagdlich uninteressiert. In solchen Fällen ist es tatsächlich die entspannteste Lö-

sung für alle Beteiligten, den zweiten Hund wieder abzugeben, sonst kämpft man ein Leben lang gegen diese Kombination an.

- Wenn Sie eine gute Freundin mit Hund haben, mit der Sie gerne spazieren gehen, Ihre beiden Hunde stecken sich aber gegenseitig mit Jagdfieber an – dann gehen Sie in Zukunft mit der Freundin lieber essen, ganz ohne Ihre Hunde, und gehen Sie getrennt spazieren. Davon haben Sie und vor allem die Freundschaft einfach mehr.

HUND WEG, ALLES AUS, DER UNTERGANG IST NAH?

Was zu tun ist, wenn der Hund tatsächlich abhaut. Die wichtigste Regel lautet: Ruhe bewahren!

Wenn der Hund hinter Wild herrennt, kommt er meistens an die Stelle zurück, wo er seine Menschen zuletzt gesehen hat.
Haut der Hund vor Schreck oder Panik ab, läuft er meistens zurück zum Auto oder nach Hause.
Wichtig ist immer, wie der Mensch sich verhält, wenn ihm der Hund durchgegangen ist: Haut der Hund ab, dann schreit man ihm im ersten Schreck normalerweise hinterher. Anschließend wird man wütend (»Kommst du jetzt, zum Donnerwetter! Verdammtes Vieh!«). Wut ist eine Stimmung, der sich der Hund nicht freiwillig aussetzt – er kommt also in diesem Moment ganz sicher nicht. Und dann kommt die Phase, in der der Mensch sich richtig Sorgen macht, dass dem Hund oder dem Reh etwas passiert, man malt sich ein Schreckensszenario nach dem anderen aus – auch wieder eine Stimmung, die den Hund davon abhält, zurückzukommen. Und irgendwann gibt man innerlich auf, kommt ins Hoffen und denkt nur noch, man würde sich so freuen, wenn er wieder käme (die Wut ist längst verraucht) – und dann dauert es keine zehn Minuten mehr, und der Hund ist wieder da. Weil das sensible Tier nämlich auf die Entfernung unsere Stimmung ganz genau gespürt hat. Und sobald die Stimmung wieder »sauber« ist, kann der Hund auch wieder kommen.
Sollte der Hund tatsächlich (mehrere Stunden) nicht auftauchen, obwohl Sie (fast völlig) entspannt sind, dann braucht er wahrscheinlich Hilfe, weil er irgendwo hineingefallen ist, festhängt oder sich verletzt hat. In diesen Fällen rufen Sie das zuständige Forstamt an und verständigen den Jäger, damit der Ihnen hilft (er wird den Hund nicht erschießen, sondern Ihnen höchstens eine Standpauke halten, aber in Ihrer momentanen Stimmung sind Sie sowieso bereit, den Hund für immer und ewig angeleint zu lassen). Wenn der Hund mitsamt Schleppleine weggelaufen ist und deshalb wahrscheinlich irgendwo festhängt, kennt der Jäger vielleicht auch Mantrailer, die den Hund in so einem Notfall suchen können.

WAS FÖRDERT DAS JAGDVERHALTEN VON HUNDEN?

Wer ein Problem mit einem jagenden Hund hat, muss unbedingt wissen, wodurch Jagdverhalten ausgelöst und sogar gefördert wird. Es macht schlicht keinen Sinn, wenn man das allerbeste Training anfängt, wenn man nicht gleichzeitig im Alltag alles »ausschaltet«, was das Jagdverhalten des Hundes fördern könnte.

EIN HOHER STRESSLEVEL

Empfindet der Hund Stress, gerät sei ganzer Körper in eine erhöhte Aufmerksamkeit und einen Flucht- oder Angriffsmodus (eine Art »Auf die Plätze, fertig, los!«-Verhalten). Über sämtliche Sinnesorgane gelangen die Informationen über Stressoren in das Großhirn und in das limbische System, wo die Bewertung der Situation als Stresssituation stattfindet. Diese Signale lösen Nervenimpulse an den Sympathikus aus, was die Aktivität vieler Organe verändert, zum Beispiel:

- werden die Pupillen erweitert (»damit ich dich besser sehen kann«)
- produzieren die Speicheldrüsen weniger Schleim (»damit ich dich nachher besser schmecken kann«)
- werden die Bronchien erweitert (»damit ich schneller rennen kann«)
- wird die Herzschlagfrequenz erhöht (»damit ich beim Rennen nicht tot umfalle«)
- wird die Magenbewegung verringert (»damit ich mich von Keksen nicht ablenken lasse«)
- wird die Adrenalinausschüttung angeregt (»damit ich schneller instinktiv agieren kann«).

Und aus diesem Gründen ist der Hund dann – je nach Stresslevel – meist weder ansprech- noch ablenkbar.
Wenn man die Sache also physiologisch betrachtet, wird sehr schnell verständlich, warum der Hund im Umkehrschluss überhaupt erst in eine gewisse Aufregung kommen muss, um Jagen gehen zu wollen oder zu können. Wer tiefenentspannt ist, kann nicht ohne »Anlauf« jagen gehen. Das heißt: Wird der Hund draußen entspannt geführt, fällt es ihm schwer, überhaupt erst ins Jagdverhalten zu fallen.

BEUTESPIELE WIE FRISBEE-, BALLWERFEN ODER REIZANGEL

Durch solche »Beutereize« kann bei Hunden Hetzverhalten ausgelöst werden. Einen jagdlich hochmotivierten Hund hinter einer Reizangel oder einem Frisbee herlaufen zu lassen, kann nach hinten losgehen. Denn der Hund lernt auf diese Weise, auf hohem Adrenalin-Level hinter einem Objekt herzurennen und es möglichst zu fangen. Noch mehr bei Coursing oder »Spaßrennen« auf Hunderennbahnen: Wenn die Hunde erst einmal den unglaublichen Endorphin-Kick erlebt haben, den dieses Hinter-einer-Beute-Herrasen (Jagdverhalten!) auslöst, wird es schwer, ihnen klarzumachen, dass sie dieses Verhalten beim Anblick eines echten Hasen oder Rehs bitte nicht zeigen sollen. Noch dazu bekommt der Hund ja bei Spielen dieser Art von uns ein positives Feedback, wenn er hinter einer »Beute« herhetzt, wir lieben ihn auch noch dafür. Eigentlich doch ganz logisch: Wenn ich einem Hund das Hetzen abgewöhnen möchte, sollten Hetzspiele aller Art eingestellt werden. Habe ich einen Hund, der beim Anblick von Kaninchen, Wild, Radfahrern etc. keinerlei Probleme macht, dann kann ich mit dem Hund mit der Reizangel spielen, bis ich blau anlaufe. Mit den Hunden, für die wir dieses Buch geschrieben haben, Hunde, die kontrollierbarer beim Anblick von Wild oder Katzen bleiben sollen – für eine ganze Weile lieber nicht.

BUDDELN

Viele Leute erlauben dem Hund das Buddeln an der Leine als Ersatz für »richtiges« Jagen oder als Trost, weil er ja nicht frei laufen kann. Es gibt Hunde, die sich allerdings so exzessiv in ihre Grabungsarbeiten hineinsteigern, dass sie nicht mehr ansprechbar sind und überhaupt nicht mehr auf ihre Menschen achten. Damit lassen Sie Ihren Hund sozusagen an der Leine jagen. Wenn der Hund trotz Buddeln abrufbar bleibt, ist das alles kein Problem.

PERMANENTE ANSPANNUNG DES BESITZERS, WEIL DER HUND JAGEN GEHEN KÖNNTE

Wenn der Mensch dauernd nach Wild Ausschau hält (»Hoffentlich kommt kein Hase, kein Reh, herrje, was knackt denn da im Unterholz…?«), sorgt er genau damit für die Stimmung, die der Hund zum Jagen braucht: Er ist nervös und leicht aufgeregt, der Hund merkt, dass der Besitzer nicht entspannt ist und Ausschau hält – das ist eindeutig Jagdverhalten. Es ist ein Unterschied, ob ich einfach nur wachsam spazieren gehe oder permanent nach Wild Ausschau halte: Die meisten Hundebesitzer gehen in ihren Gedanken häufiger und intensiver jagen, als ihre Hunde es tun. Wenn wir unsere Hunde nun also »richtig führen« wollen, müssen wir die Anspannung fallen lassen, sonst jagen *wir*. Das Phäno-

NOTIZ AM RANDE

Auch bei Rennspielen sollte man aufpassen. Wenn zwei Labradore Fangen spielen, ist das etwas ganz anderes, als wenn Windhunde Rennspiele veranstalten: Viele Windhunde geraten vom Rennspiel automatisch ins Jagdverhalten (deshalb muss man auch immer so aufpassen, dass Windhunde sich beim Toben nicht plötzlich verletzen). Das muss rechtzeitig unterbrochen werden, bevor es zum Jagd-Spiel wird. Adrenalin verstärkt alle instinktiven Verhaltensweisen.

men läßt sich gut bei Jagdhunden von guten Jägern beobachten: Deren Hunde benehmen sich nämlich völlig anders, wenn sie z. B. mit ihrem Menschen nur in den Wald gehen, um die Hochsitze zu überprüfen – oder an den Tagen, an denen sie auf die Pirsch gehen: Sie spüren ganz genau, ob es »zur Sache« geht, oder eben nicht.
Wenn Sie einen Hund also richtig führen wollen, müssen Sie Ihre innere Anspannung loswerden, damit Ihr Hund diese Anspannung nicht übernimmt. Und nur ein entspannter Hund lässt sich führen und ist zur Zusammenarbeit bereit; bei einem aufgeregten Hund ist man vor allem mit seiner Aufregung beschäftigt, was sehr anstrengend ist, denn man muss dauernd mit dieser Aufregung diskutieren.

»Eine Haltung gespannter Erwartung oder Nervosität kann vom Hund als Jagdstimmung verstanden werden.«

UNGÜNSTIGE VERKNÜPFUNGEN ODER KONDITIONIERUNGEN

Immer, wenn der der Hund gerade zu etwas Interessantem hinläuft, ruft der Halter »Hierher!« – was für den Hund das Signal wird: »Da vorne gibt es etwas Hochinteressantes, nichts wie hin!« Stattdessen gilt es, ein vernünftiges Abbruchsignal zu konditionieren.

»KONTROLLZWANG« DES BESITZERS

Je weniger der Mensch dem Hund vertraut, desto mehr beobachtet, ruft er ihn und pfeift nach ihm. Der Hund wird gewissermaßen »muttertaub«, weil er so oft wegen gar nichts angesprochen wird, dass die Stimme des Besitzers einfach nicht mehr viel wert ist, sondern wie eine Art »Hintergrundgeräusch« wird, auf die der Hund nicht mehr achtet. Oder der Hund muss jedesmal, wenn er kommt, einen Dummy suchen, oder einem Ball hinterherlaufen – das heißt, der Hund bekommt gar keine Ruhe beim Freilauf. Das kommt von der Überzeugung, dass der Hund sich nicht für Wild interessiert, wenn wir ihn andauernd beschäftigen – aber dann ist das eigentlich auch kein Freilauf, sondern Beschäftigungskader. Die Leine ist zwar ab, aber es wird ununterbrochen etwas vom Hund verlangt, und er wird in eine aufgeregte Arbeitsstimmung versetzt. Stattdessen wollen wir doch einen entspannten, ruhigen Hund, damit wir ihn besser leiten können. Für den Menschen ist es dabei wenig entspannend, dauernd für den Hund den Entertainer zu spielen, ganz abgesehen von dem ganzen Gepäck, das man in den Wald mitschleppen muss: den Dummy, den Kong,

Buddeln nach Mäusen ist ein oft unterschätztes Jagdverhalten, hier ist gute Erziehung gefragt.

Durch ständiges Entertainment nehmen Sie Ihrem Hund die Möglichkeit, auch mal zur Ruhe zu kommen.

den Futterdummy, den Ball, die Hundekekse – nur, damit man den Hund mal zehn Minuten von der Leine lassen kann. Der Hund fühlt sich dabei ununterbrochen kontrolliert, die Stimmung ist nicht angenehm, er kann nicht einfach vor sich hin trödeln – nicht das, was man vom Spaziergang möchte. Viele Hunde brauchen dann immer länger, einem Kommando zu folgen, oder sie hauen mitten in der Arbeit plötzlich ab – damit sie mal ihre Ruhe haben. (Sie kennen das doch selbst: Wenn man ein unangenehmes Gespräch hat, bricht man es ab, indem man eine Verabredung vorschiebt: »Ich muss jetzt echt los, ich hab noch einen Termin!«)

WENN DER HUND »ZUSCHAUER« HAT WIE Z.B. ANDERE HUNDE, MIT DENEN ER ZUSAMMENLEBT

Die Anwesenheit anderer Hunde kann die Aufregung noch verstärken. Das gibt es auch bei Menschen: Cary Grant soll in Zweier-Situationen ziemlich normal und eher langweilig gewesen sein. Sobald aber eine dritte Person dazu kam, galt das für ihn als Publikum, und er wurde sofort originell, witzig und schlagfertig: Er war eben eine Rampensau. Und so kann es bei »Anführer-Hunden« auch sein: Die können schließlich nur anführen, wenn auch jemand zum Anführen da ist. Manche Hunde drehen geradezu auf, machen nur noch Unsinn, tun so, als gäbe es Wild, wo gar keines ist, nur um sich wichtig zu machen, und führen die restliche Gruppe ins ungewisse Unterholz oder rasen in Partylaune im Trupp auf fremde Hunde zu. Bei diesen Hunden müssen die Kommandos mit langsam gesteigerter Ablenkung wieder aufgebaut werden.

IN DER RUHE LIEGT DIE KRAFT, AUCH FÜR JAGDGEBRAUCHSHUNDE

Auch Hunde von Jägern sollen im Wald gelassen und entspannt bleiben, sonst verschrecken sie das Wild. Meist lernen sie das schon im Welpenalter.

Jäger, die ihre Hunde regelmäßig zum Ansitzen mitnehmen, haben in der Hundeerziehung einen entscheidenden Vorteil: Die Hunde lernen im Laufe der Zeit eine Toleranz für jagdliche Situationen. Sie müssen zwei, drei, vier Stunden unter dem Hochsitz liegen und Ruhe geben, wenn ein Rehbock, Fuchs oder Hase vorbeikommt, um Gute Nacht zu sagen. Das können Hunde nur, wenn sie das über ein bis zwei Jahre hinweg lernen: Wild zu beobachten, ohne dabei in sofortiges Reaktionsverhalten zu verfallen – dem Hinterher-Hetzen. Sie lernen also, sich zu bremsen. Auch wenn geschossen wird, wartet der Jäger anschließend mindestens eine Viertelstunde, um weiteres Rehwild nicht zu beunruhigen, das vielleicht in der Nähe steht – also ist auch der Schuss für den Hund kein Signal für »Auf die Plätze, fertig, los!«. Die Belohnung für diese Toleranz und Geduld ist für den Hund natürlich das Gemeinsam-mit-dem-Menschen-Beute-Machen, indem er dann mit dem Jäger zum erlegten Wild gehen darf. Für den Jagdhund lohnt es sich also, sich an die Spielregeln zu halten, weil der Mensch auf ihn stolz ist.

Wir Nichtjäger müssen unseren nicht jagdlich geführten Hunden unseren Stolz anders vermitteln: Wir sind stolz darauf, dass sie sich gedulden und trotz eines reichhaltigen Angebots an Wild entspannt und im buchstäblichen Sinne des Wortes bei uns bleiben. Das kann nämlich wirklich nicht jeder, wie Sie wissen.

UNGEEIGNETE UND RESPEKTLOSE TRAININGSMETHODEN

Über die Jahre haben sich einige Methoden oder »Werkzeuge« eingeschlichen, die bestenfalls als ungeeignet oder respektlos dem Hund gegenüber, im schlimmsten Fall als für den Hund völlig unverständlich und sogar gefährlich zu beschreiben sind.

Nachfolgend erklären wir sie deshalb, weil wir klar machen möchten, warum sie ungünstig sind, damit Sie sich eine eigene Meinung bilden können.

FUTTER MUSS MAN SICH ERARBEITEN

Das Mittel von »Futter als Ressource« war lange Zeit weit verbreitet, ist dabei aber für eine erfolgreiche Erziehung aus mehreren Gründen ganz und gar ungeeignet: Der Hund arbeitet nur deshalb für den Menschen, damit er wenigstens *irgendwas* zu fressen bekommt: Das ist klassischer Psychoterror. Außerdem ist der Hund dadurch ständig unterzuckert, darf nie in Ruhe fressen, sondern immer nur im Arbeitsmodus, und wird für eine aufgeregte Arbeitsstimmung auch noch bezahlt (dabei wollen wir doch ausdrücklich den ruhigen, entspannten Hund belohnen). Außerdem ist für den Hund der Spaziergang, das »Draußen«, immer mit Action und Anspannung verknüpft (»Gehen wir jetzt endlich nach draußen? Ich habe so furchtbar Hunger!«). Von dieser Methode (Futterbeutel-Ernährung) lassen sich manche Hunde so überfordern, dass sie bald keine Lust mehr haben, mit den Menschen zusammenzuarbeiten.

EXTREMES LOBEN BEI JEDEM ERFOLGREICH AUSGEFÜHRTEN KOMMANDO/WILDES STREICHELN, WENN DER HUND KOMMT

Viele Trainer bringen einem bei, dass man für den Hund jedes Mal eine Bambi-Verleihung schmeißt, wenn er etwas richtig gemacht hat. Tatsächlich kann man beobachten, dass manche Hunde nicht zu ihren Besitzern kommen, obwohl sie eigentlich gerne kommen würden, sondern unschlüssig in einem gewissen Abstand stehen bleiben. Manchen Hunden ist ein permanenter Karneval zu viel. Lob ist richtig und wichtig zur Motivation, aber irgendwann sind Regeln einfach Regeln: Ein Verkehrspolizist überreicht Ihnen auch keinen Blumenstrauß, weil Sie die Vorfahrt eingehalten haben – ab einem bestimmten Punkt ist es einfach so, dass man sich an die Regeln halten muss, Punkt.

Manche Hunde wollen auch nicht jedes Mal wild gestreichelt werden, weil das einfach in manchen Momenten stört (Sie wollen auch nicht, dass Ihr Mann oder Ihre Frau andauernd Liebesausbrüche demonstriert – so reizend das ist, kann es auch wahnsinnig nerven). Gerade am Kopf gestreichelt zu werden, finden Hunde außerhalb der eigenen vier Wände häufig unangebracht, weil es ihren Sende- und Empfangsbereich stört. Damit wird die gutgemeinte Belohnung zur Belästigung – und das Gegenteil davon, was der wohlmeinende Besitzer eigentlich wollte.

SPRÜHHALSBAND

Das Sprühhalsband, bei dem der Hundehalter mithilfe einer Fernbedienung einen kurzen Stoß Pressluft oder Zitronenduft auslösen kann, ist kein Training, sondern eine Symptombehandlung. Dabei wird nicht an den Ursachen des Jagdverhaltens gearbeitet, sondern es ist ähnlich wirkungsvoll wie eine Creme gegen Juckreiz, anstatt gegen Mücken bei Licht das offene Fenster zu schließen.

TELETAK

Das Teletak ist hierzulande verboten, weil es als tierschutzrelevant gilt. Damit kann in verschiedenen Stufen per Fernbedienung beim Hund ein Stromschlag ausgelöst werden, wenn er sich anders verhält, als wir es wünschen. Es ist unmöglich, als Mensch beim Einsatz dieses Gerätes gleichzeitige Fehlverknüpfungen beim Hund auszuschalten: Wir kennen leider Jagdhunde, die sich jaulend auf den Boden werfen, wenn sie von Weitem einen Hubschrauber oder eine Kuh muhen hören – weil sie irgendwann einmal just in dem Augenblick einen Stromschlag bekamen,

als irgendwo ein Hubschrauber auftauchte oder eine Kuh brüllte. Noch dazu hält selbst ein Stromschlag auf Stufe zehn einen wirklich hochpassionierten Hund nicht notwendigerweise vom Hetzen ab. Es gibt Hunde, die brüllend vor Schmerz weiter hinter Wild herrasen. Das Teletak ist wie das Sprühhalsband (und sogar die Wasserpistole) nur eine Symptombehandlung, keine Erziehungsmethode, und macht außerdem abhängig: Teletak-Hunde müssen ständig mit Placebo-Halsbändern herumlaufen, weil sie genau unterscheiden können, ob sie ein »normales« Halsband tragen, oder das schwerere Stromgerät. Noch dazu sind Werkzeuge dieser Art das Gegenteil von guter Führung und Erziehung, denn während man mit einer Fernbedienung in der Hand herumläuft, wartet und hofft man ja die ganze Zeit auf Jagdverhalten – um dem Hund dann eine überzubraten. Was für eine Art der Führung soll das denn bitte sein?

NOTIZ AM RANDE

Es gibt Trainingsmethoden, mit denen entfernt man sich von seinem eigenen Hund weiter, als der eigene Hund sich jemals von uns.

WASSERPISTOLE

Auch die Wasserpistole schafft – wie Sprühhalsband und Teletak – eine ungute Atmosphäre, denn der Hundebesitzer konzentriert sich die ganze Zeit auf sein Kontrolldrama: Die unerwünschte Handlung, die wir vom Hund eigentlich *nicht* wünschen, bekommt sehr viel Aufmerksamkeit von uns, weil wir ja andauernd damit rechnen, um die Wasserpistole einsetzen zu können. Wie wir aber wissen, fördert die Aufmerksamkeit darauf auch das Verhalten. Für den Hund wiederum ist diese Art der Führung ausgesprochen verwirrend: Wir *erwarten* eine falsche Handlung von ihm – das kann kein Hund begreifen.

FISCHER-DISCS/RATTEL-DOSE

Auch diese »Krachmacher« sind denkbar ungeeignet, wenn man einem Hund unerwünschtes Verhalten abgewöhnen will. Sie sind großartig dafür, um dem eigenen emotionalen Zustand nachzugeben und das eine oder andere mit voller Wucht und voller Wut neben sich auf den Boden zu donnern – der Hund dagegen wird davon eher schreckhaft und hört auf, uns zu vertrauen. Andere Hunde stumpfen dadurch eher ab, auf die Art: »Naja, Menschen sind wirklich sehr merkwürdig, lieber gar nicht darauf achten.«

Lassen Sie es also lieber, mit diesen wirklich zweifelhaften Methoden und Gerätschaften zu arbeiten, und versuchen Sie es mal mit Erziehung, Training und Führung. Wie das klappt, stellen wir in den folgenden Kapiteln vor (siehe Seite 70 ff.).

STRESS

Um Hunde und deren Verhalten besser verstehen und einordnen zu können, ist es wichtig, zu verstehen, was Stress bei unseren Hunden auslösen kann – und nicht zuletzt: was Stress eigentlich ist.

WAS BEDEUTET »STRESS« FÜR EINEN HUND?

Ein gewisser Stresslevel erhöht das Adrenalin und die Bereitschaft unserer Hunde, jagen zu gehen. Adrenalin verstärkt alle Instinkthandlungen, d. h. je nach Anlage des Hundes wird sein Jagdtrieb verstärkt oder das Wachverhalten eines Herdenschutzhundes, und ein unsicherer Hund kann aufgrund einer hohen Adrenalinproduktion in Panik verfallen.

Der Begriff »Stress« wurde von dem Arzt Dr. Hans Selye eingeführt, der Stress als eine *Aktivierungsreaktion des Körpers* definierte. Er unterschied zwischen *positivem* und *negativem Stress* – »positiver Stress« ist für Hunde z. B. die Jagd, die zwar extrem anstrengend sein kann, aber Glückshormone freisetzt und deshalb vom Hund als positiv empfunden wird.

Um es einfach zu sagen: Alles, was einen Hund physisch oder psychisch überfordert, bedeutet für ihn Stress. Wie beim Menschen ist das von Hund zu Hund unterschiedlich: Es gibt Hunde, die völlig überfordert sind, wenn es in der Nachbargemeinde gewittert, während andere es für eine angenehme Brise halten, wenn es um sie herum blitzt und donnert und schon der Sonnenschirm durch den Garten fliegt.
Für einen Hund bedeutet es *physischen Stress*, wenn zum Beispiel seine Grundbedürfnisse nicht erfüllt werden: Wer zu lange Durst aushalten muss, wird körperlich überfordert, wer dringend aufs Klo muss, ohne dass ihn jemand nach draußen lässt, hat Stress. Hunger haben und nicht gefüttert werden bedeutet Stress (nicht zu verwechseln mit den Hunden, die dem Besitzer mentalen Stress machen, weil sie sich partout nicht daran erinnern können, dass sie gerade vor zwanzig Minuten gefüttert worden sind).

Ob Stress positiv oder negativ für den Organismus ist, hängt davon ab,

- ob die Stressfaktoren als gut oder schlecht empfunden werden
- ob der Hund sich der Situation gewachsen fühlt (Hundesport, Deckakt, Familienfest)
- ob er sich freiwillig in die Situation begeben hat
- wie lange der Stressfaktor anhält (auch ein anfänglich positiver Stress kann in negativen Stress umkippen, wenn die Situation zu lange anhält)
- wie gestresst der Hund schon vorher war.

PHYSIOLOGISCHE PROZESSE BEI STRESS

In Stresssituationen schüttet der Körper vermehrt die Hormone Adrenalin und Cortisol aus. Die Freisetzung von Adrenalin ermöglicht dem Körper, schnell an Energiereserven heranzukommen, um schnell fliehen oder auch kämpfen zu können. Bei der einsetzenden »Kampf oder Flucht«-Situation wappnet sich der Körper gegen eine drohende Gefahr und wird in höchste Alarmbereitschaft versetzt. Adrenalin aktiviert den Kreislauf, der Blutdruck steigt, das Herz schlägt schneller und die Muskeln werden besser durchblutet. Die Verdauung verlangsamt sich, da vermehrt Blut in die Muskeln geleitet wird, und der Blutzucker steigt, weil vermehrt Energie bereitgestellt wird.

»Stress verringert die Toleranzgrenze erheblich – Menschen wie Hunde werden gereizter und unfreundlicher.«

Der Körper benötigt viel Cortisol, um das Adrenalin abzubauen, also mit dem Stress fertigzuwerden. Die exzessive Ausschüttung von Cortisol signalisiert dem Körper, dass er sich in großer Gefahr befindet. Bekommt der Hund keine »Entwarnung«, indem die stressige Situation geändert oder verlassen werden kann, dann können die Stress-Hormone nicht abgebaut werden und die körperliche Anspannung bleibt erhalten. Dadurch wird die Toleranzgrenze nicht nur beim Hund, sondern bei allen gestressten Säugetieren stark verringert. Das sind optimale Voraussetzungen für einen drohenden Kampf oder eine Flucht – aber ganz schlecht, wenn der Hund etwas lernen soll. Tatsächlich kann es bis zu sechs Tage dauern, bis das Adrenalin wieder abgebaut ist – so leicht schüttelt man Stress eben nicht einfach wieder ab. Das bedeutet für uns, dass ein Hund, der zurückkommt, nachdem er gerade zehn Minuten hinter einem Reh hergerannt ist, jetzt für etwa eine Woche an die Leine muss, denn sonst sind die Chancen zu hoch, dass er morgen – noch »auf« Adrenalin, also noch in bester Jagdlaune – gleich wieder abhaut und über alle Berge ist.

Die Grundvoraussetzung für den sicheren, entspannten Freilauf ist Ruhe.

NEGATIVE STRESSOREN KÖNNEN SEIN:

- Die Grundbedürfnisse werden nicht befriedigt (Hunger, Durst, Schlafmangel, Isolation, kein Tageslicht, Bewegungsmangel)
- Fehlende oder falsche Führung des Hundes (der Hund bekommt keine Anleitung und muss »alles selbst entscheiden«)
- Schmerzen
- Bedrohung
- Druck
- Starkzwang (Teletak, Peitsche)
- Krankheiten
- Nicht verstanden zu werden
- Stressiges, unausgeglichenes Umfeld
- Angstauslösende Reize
- Besitzerwechsel/Wohnortwechsel
- Verlust des Sozialpartners
- Plötzliche Veränderungen
- Zu langes, zu häufiges Alleinsein
- Nebenwirkungen von belastenden Medikamenten
- Langeweile
- Über- oder Unterforderung

POSITIVE STRESSOREN KÖNNEN SEIN:

- Zu viel des Guten
- Zu viel Bewegung
- Zu langes oder zu viel Spiel mit anderen Hunden
- Beutespiele/Jagdspiele
- Ständige Höchstleistung
- Zu viel Aufmerksamkeit/zu viel Ansprache
- Zu viel Aufregung (zu viele Reize)
- Zu viele freudige Erlebnisse hintereinander
- Ständiges Kommen und Gehen von Besuchern im Haushalt

Auch positiver Stress kann unter Umständen in heftigen Auseinandersetzungen enden.

STRESSFAKTOREN, DIE NICHT VON AUSSEN BEEINFLUSSBAR SIND:

- Starker Hormonschub bei Rüden in der Pubertät
- Trächtigkeit
- Läufigkeit
- Störungen im Hormonhaushalt (z. B. Schilddrüsenprobleme)

»Der Adrenalinspiegel wirkt sich massiv auf alle Instinkthandlungen und organische Funktionen aus.«

Selbst wenn der Stressauslöser vorbei ist, dauert die Adrenalin-Produktion noch mindestens weitere zehn, fünfzehn Minuten an, bevor sie sich langsam einstellt (das ist der Moment, in dem z. B. Menschen dann gewöhnlich die Knie weich werden, wir wütend werden oder plötzlich ganz dringend aufs Klo müssen).
Adrenalin verstärkt alle Instinkthandlungen. Hat der Hund mehr Adrenalin, wird je nach Anlage des Hundes der Jagdtrieb verstärkt: das Wachverhalten eines Herdenschutzhundes; ein hypersexueller Rüde in der Pubertät kann »auf« Adrenalin *noch* überaktiver werden; ein unsicherer Hund kann aufgrund einer hohen Adrenalinproduktion in Panik verfallen. Hat der Hund weniger Stress, sinkt der Adrenalinlevel, aus der Panik wird Unsicherheit, und man kann wieder trainieren.

Hat der Hund chronischen – also dauerhaften – Stress (Angsthunde, Hunde in Auffanglagern, Hunde mit unberechenbaren oder gewalttätigen Besitzern, manche Hunde im Turniersport), ist der Adrenalin- und Cortisol-Level chronisch übermäßig erhöht. Diese Hunde können die gleichen Symptome zeigen wie ein Hund, der aus medizinischen Gründen Cortison bekommt: Er bekommt starken Durst oder großen Appetit, oder sein Immunsystem schwächelt.
Stresshormone können die Magensäfte verringern oder erhöhen. Viele Hunde können deshalb bei akutem Stress keine Leckerchen annehmen (Sie kennen das selbst, wenn Stress Ihnen »auf den Magen schlägt«). Andere essen extrem viel, wieder andere bekommen aufgrund einer Überproduktion der Verdauungssäfte postwendend Durchfall. Auch das haben die meisten von uns schon erlebt: Wenn Sie Ihren gesunden Hund dem Tierarzt zum Check-up vorgestellt haben, ihn jeder Tierarztbesuch vorher aber wahnsinnig angestrengt hat, bekommt er direkt nach dem Verlassen der Praxis Durchfall. Auch Hunde aus dem Tierschutz haben

in der ersten Zeit im neuen Zuhause häufig durchgehend Durchfall – weil die vielen neuen Reize einfach sehr großen Stress für sie bedeuten. Hunde, die über längeren Zeitraum Stress erleben, werden zickiger und überreagieren häufig. Auch hier können Sie Parallelen zu sich selber ziehen: Wenn Sie gerade richtig Stress hatten, weil jemand Sie um ein Haar überfahren hätte, anschließend die Einkaufstüte reißt und Sie alle Einkäufe einzeln im Arm tragen müssen, der angeleinte Hund einen Satz nach vorne macht, weil er sich über die Nachbarskatze erschrocken hat, und damit mit der Leine an Ihrem Arm reißt, Ihnen daraufhin eine Milchtüte herunterfällt und platzt und sich über Ihre neuen Espadrilles ergießt und dann, wenn Sie es endlich in Ihre Küche geschafft haben, Ihre Tochter auf Sie zugestürzt kommt und sagt: »Ich muss *jetzt* mit dir darüber reden, dass ich mit meiner Freundin und ihrem 19-jährigen Bruder zehn Tage durch Italien trampen möchte« – dann wird Ihre Antwort möglicherweise nicht ganz so charmant ausfallen wie unter anderen Umständen, wenn Sie z. B. seit einer Stunde gemütlich auf dem Sofa liegen und ein großartiges Buch lesen.

ANZEICHEN FÜR STRESS BEIM HUND:

- Starkes Hecheln
- Zittern
- Angespannte Muskulatur
- Unruhe
- Jammern/Fiepen/Winseln
- Erhöhte Reizbarkeit bzw. erhöhte Aggressionsbereitschaft
- Zerkauen/Zerstören von Gegenständen
- Speicheln
- Aufblasen der Backen
- Rute eingeklemmt/steif
- Dauerwedeln
- Geduckte Körperhaltung
- Ohren eingeklappt/zurückgezogen, vor allem kombiniert mit zurückgezogenen Lefzen
- Verweigern von Keksen
- Verdauungsprobleme/Durchfall/Erbrechen
- Stereotypen wie Rute fangen, im Kreis drehen
- Innerliche und äußerliche Unruhe
- Nicht mehr ansprechbar sein
- Konzentrationsmangel

- Überreaktionen auf beiläufige Ereignisse
- Starke Aufregung
- Mobbing
- Hypersexualität
- Körper- und/oder Mundgeruch
- Fellveränderungen, Schuppen, stumpfes oder fettiges Fell
- Allergien und andere Hautprobleme
- Häufigeres Urinieren als gewöhnlich
- Übersprungverhalten
- Appetitlosigkeit
- Angespannter Körper
- Übertriebene Körperpflege
- Häufiges Erkranken (z. B. Infektionen)
- Erhöhte Ressourcenverteidigung
- Fixierung auf Dinge (Stofftiere, Schuhe des Herrchens od. Frauchens)
- Stress-Gesicht (Ohren straff nach hinten geklappt, starkes Hecheln, Augen leicht zusammengekniffen oder aufgerissen, sodass man das Weiße gut erkennen kann)

»Stressauslöser sollten schon aus gesundheitlichen Gründen gemindert oder möglichst abgestellt werden.«

Wenn Sie diese Symptome an Ihrem Hund feststellen, gehen Sie in sich und überlegen Sie, was genau dem Tier Stress verursacht. Finden Sie eine Lösung, um den verursachenden Stressauslöser zu mindern oder, noch besser: abzustellen.

Der Ausdruck dieses Rottweilers liest sich wie ein offenes Buch: Er ist sehr gestresst.

LERNHEMMUNGEN DURCH STRESS

Für das Training bedeutet Stress: Wie beim Menschen entstehen auch beim Hund durch Stress Lernhemmungen und oft »Störungen in der Gedächtnisbildung«, wie man das in der Lernpsychologie nennt, der Lernprozess wird dadurch behindert.

Das bedeutet: Ein Hund, der beim Training stark gestresst ist oder wird, lernt viel langsamer als ein Hund, der sich beim Training amüsiert. Ein gestresster Hund lernt sogar eher gar nichts, sondern resigniert und wird passiv, um keinen Ärger zu bekommen, aber *gelernt* hat er eigentlich nichts. Er hat nur aufgegeben.

Dies wiederum bedeutet also: Einen stark gestressten Hund muss man erst einmal »runterfahren«, bevor man weiterarbeiten kann. Ein Hund, der gerade Wild, einen Jogger oder ein Fahrrad gejagt hat, muss erst einmal wieder entspannt werden, um irgendetwas aufnehmen zu können (also an die Leine mit ihm!), sonst geht er womöglich gleich wieder durch. Ein Hund, der vor Angst sichtbar gestresst ist, kann jetzt gar nichts lernen,

Sorgen Sie für eine angenehme, entspannte Lernatmosphäre – Sie werden erstaunt sein, wie schnell Ihr Hund dann lernt.

sondern muss erst einmal in einer reizarmen Umgebung entspannt werden. Ein Hund, der gerade angeschrien, auf den Rücken geworfen oder geschlagen wurde, macht anschließend nicht mehr mit, sondern sieht nur zu, dass er keinen weiteren Ärger bekommt.

STRESS DURCH ZU VIEL ENTERTAINMENT

In unserer Kultur können Hunde nicht mehr selbst entscheiden, wie viel Bewegung und Beschäftigung sie täglich brauchen. Manche Hunde haben einen Wochenplan, gegen den hochbegabte Kinder auf ehrgeizigen Privatschulen ein Lotterleben führen:

- Montags muss der Mann des Hauses erst später zur Arbeit, also geht er morgens mit dem Hund eine Stunde Fahrradfahren; um zwölf kommen die Kinder aus der Schule und spielen erst einmal eine Stunde Ball mit dem Hund, weil das so lustig ist; nachmittags geht die Mutter noch eineinhalb Stunden mit dem Hund und einer Freundin und deren Hund spazieren, damit die Hunde zusammen spielen, und abends geht der Vater noch einmal eine Dreiviertelstunde mit dem Hund um den See, um sich nach dem Büro zu entspannen.
- Dienstags geht die Mutter morgens um acht mit einer Riesen-Hundegruppe spazieren, das ist *so* lustig, keiner hat die Führung in der Gruppe, also können die Hunde machen, was sie wollen – die Damen unterhalten sich, die Hunde toben, und man wundert sich ein bisschen, dass die Hunde ab und zu abhauen. Das geht zwei Stunden, mittags macht der Sohn noch mal eine einstündige Runde mit dem Hund (für die Kinder wurde der Hund ja mal angeschafft, also sollen sie auch ihren Pflichten nachkommen!), am späten Nachmittag ist dann Agility angesagt.
- Mittwochs ist vormittags Begleithunde-Unterricht, mittags hat der Hund frei, aber der Mann hat abends Zeit und geht noch mal eine Dreiviertelstunde Fahrradfahren.
- Am Freitag ist Mantrailing,
- am Samstag ist ZOS,
- und am Sonntag macht die ganze Familie dann noch eine vierstündige Fahrradtour.

Falls Sie jetzt schon Stress vom Lesen bekommen, möchten wir Ihnen versichern: Wir kennen gar nicht wenige Hunde, denen es genau so geht, mit vielen unzähligen Varianten, was das Training betrifft.

»Ein Hund, der beim Training stark gestresst ist oder wird, lernt viel langsamer als ein Hund, der sich beim Training amüsiert.«

FALLGESCHICHTE AUS INGAS LEBEN

Mitte/Ende der 90er-Jahre hatte ich einen Border-Collie-Riesenschnauzermischling, Smilla. Sie war mein Trainingsbegleithund, was bedeutete, dass sie von klein auf täglich fünf bis sechs Stunden mit mir und meinen Kunden und deren Hunden unterwegs war. Mir war immer gesagt worden, Border Collie wie auch Riesenschnauzer bräuchten täglich mindestens fünf, sechs Stunden Bewegung – also war mein Gewissen ganz rein. Smilla war tatsächlich ein Workaholic, sie war bombig im Training, lernte wahnsinnig schnell und konnte praktisch lesen und schreiben. Im Alter von anderthalb begann sie plötzlich, komisch zu werden – sie fing an, auf unserer letzten Abendrunde jagen zu gehen, obwohl sie schon fünf Stunden lang beim Training dabeigewesen war, sie hätte also eigentlich todmüde sein müssen. Sie war dann sogar zwanzig Minuten oder länger weg und hörte überhaupt nicht mehr – obwohl sie die Grundkommandos eigentlich wirklich sensationell beherrschte. Dann fing sie an, im Haus immer nervöser zu werden, rannte hechelnd auf und ab und kam nicht zur Ruhe. Sie begann, sich vor Windgeräuschen zu fürchten, und wollte dann sofort ausbrechen. Wenn ich sie aus dem Auto ließ und übersah, dass irgendwo hinter uns fremde Leute standen, sprang sie aus dem Auto und stellte sie und bellte Kinder an – obwohl sie von Welpenbeinen an Besuchshund in Kindergärten und Grundschulen war und eigentlich überhaupt keine Probleme mit Fremden hatte.

Im Alter von zwei Jahren brach sie sich das Vorderbein und durfte nun erst einmal kaum noch laufen – sie wurde von fünf Stunden Bewegung am Tag auf ca. zehn Minuten reduziert. Ich machte mir große Sorgen, dass Smilla mir nun die Wohnung zerlegen würde – der Hund brauchte doch so viel Bewegung! –, aber siehe da: Das Gegenteil war der Fall. Smilla schlief praktisch drei Monate durch und schien die fehlende Bewegung kein bisschen zu vermissen.

Die ersten Monate des Bewegungsaufbaus waren natürlich sehr langsam, eine halbe bis eine ganze Stunde am Tag. Interessanterweise nahm Smilla keine ihrer schlechten Gewohnheiten wieder auf: Hasen lächelte sie freundlich zu, Rehen sah sie versonnen hinterher, wenn sie aus dem Auto sprang, durften alle Passanten unbescholten weiter ihrer Wege ziehen, Kinder durften sich auch wieder frei bewegen, selbst auf Bobby Cars. Aber sobald ich sie wieder länger als zwei Stunden im Training hatte, fing sie wieder an. Für mich wurde dieses Verhalten also zum Stressbarometer: Sobald sie diese Symptome wieder zeigte, bewertete ich sie als Ausdruck von Stress und reduzierte sofort ihr Pensum.

Smilla war ein Paradebeispiel für Stress durch zu viel Programm.

WIE VIEL SPASS UND HURRA BRAUCHT DER HUND?

Um herauszufinden, wie viel Bewegungs- und Beschäftigungsbedürfnis ein Hund überhaupt hat, lohnt es sich, wild lebende Hunde zu beobachten. Von den verschiedenen Straßenhunden in ganz verschiedenen Ländern, die wir erlebt haben, wird sich bei ausreichendem Futter auch gerne mal zwanzig Stunden überhaupt nicht bewegt.

Natürlich werden unsere Hunde sehr gut ernährt, müssen mit der ganzen Energie, die sie dauernd zugeführt bekommen, auch irgendwo »hin« – was ein Straßenhund sich aufgrund des mageren Angebots nicht leisten kann. Aber selbst Günther Blochs »Pizza-Hunde« – Straßenhunde, die von den Anwohnern gefüttert wurden – haben sich deutlich weniger bewegt als das, was die meisten von uns von unseren Hunden verlangen. Wenn man nachfragt, wieso sie so viel mit dem Hund machen, bekommt man als Antwort meistens: weil sie so ein schlechtes Gewissen haben, dass der Hund den ganzen Tag in der Wohnung sitzen muss. Der Witz ist: Auch wenn Sie einen Garten haben, macht der Hund darin nicht mehr, außer sich in die Sonne zu legen. Nur junge Hunde spielen im Garten miteinander, und manchmal, wenn Herrchen oder Frauchen Tulpenzwiebeln im Garten pflanzen, buddeln sie aus Solidarität hier und da ein Loch oder graben alle Tulpenzwiebeln wieder aus, weil das eine so großartige Reaktion bei den Menschen hervorruft.

Selbst wenn manche Fernsehtrainer einem erklären, man könne seinen Hund gar nicht genug fordern und bewegen, muss man sich einmal genau ansehen, wie deren Klientel aussieht: In USA beispielsweise geht man nicht mit Hunden spazieren, die haben nur ihren Garten zur Verfügung (wenn überhaupt), und ansonsten ist es auch völlig normal dort, Hunde acht, neun Stunden während der Arbeit den ganzen Tag allein zu lassen. Hierzulande muss man die Hundehalter eher bremsen, mit ihren Hunden nicht zu viel zu unternehmen.

Denn auch Arbeitshunde arbeiten keineswegs den ganzen Tag. Ein Wachhund schlurft den lieben langen Tag über sein Gelände und muss sich nur selten wirklich mit Eindringlingen auseinandersetzen. Ein Schlittenhund hat nur wenige Monate im Jahr Saison – den Rest des Jahres wird er in großen Zwingern in Ruhe gehalten. Selbst Jagdhunde arbeiten keineswegs jeden Tag den ganzen Tag: Die Jagdsaison ist gar nicht so lang, monatelang wird nur ein bisschen zur Revierkontrolle durch den Wald gestapft – und in der Herbstsaison finden auch nicht jedes Wochenende große Jagden statt. Auch professionelle Border Collies arbeiten

keine fünf Stunden lang mit Schafen – eine Herde wird normalerweise nur über kürzere Strecken getrieben, und das auch nicht jeden Tag. Ein Border Collie, der jeden Tag fünf Stunden arbeiten müsste, schnappt über und wird zum Borderline-Collie. Ähnlich verhält es sich mit den Windhunden, die zur Jagd gezüchtet werden: Die Jagdsaison dauert z. B. in Spanien nur drei Monate, die übrige Zeit werden sie absolut ruhig und reizarm gehalten (sie sind also sowieso nicht besonders stressresistent). Wenn sie dann zur Jagd dürfen, dauert ein Sprint hinter dem Hasen oder der Gazelle ca. sieben, acht Minuten – und das war's. Damit haben sie ihr Pulver verschossen und müssen sich wieder ausruhen.
Indem wir unseren Hunden Tagesabläufe aufbürden, die ihren Adrenalinlevel höher und höher pushen, entwickeln sie ein Verhalten, dessen wir irgendwann nicht mehr Herr werden können.

Verwechseln Sie die Rituale, die Sie mit Ihrem Hund aufgebaut haben, nicht mit einem echten Bedürfnis. Nur weil er sich freut, wenn es nach draußen geht, bedeutet das nicht, dass er auch tatsächlich volle zwei

Wenn sie es erst gelernt haben, genießen Hunde die Pausen auf Spaziergängen sehr.

Stunden gehen möchte (Katharinas Großpudelhündin Ida wollte immer mit spazieren gehen, auch als sie schon so krank war, dass sie gar nicht mehr weiter als 50 Meter ohne Schmerzen schaffte. Aber sie freute sich trotzdem jedes Mal wie Bolle, wenn es losging).
Tatsächlich können Hunde nach Adrenalin übrigens richtiggehend süchtig werden – die Hunde, die man buchstäblich zu »Ball-Junkies« herangezogen hat, können, wenn man den Ball über Tage wegsperrt, richtige Entzugserscheinungen bekommen: Sie werden nervös, laufen auf und ab, gehen jagen, suchen sich ein Ersatzspielzeug, um irgendwie wieder in ihr Adrenalingefühl zu kommen. Es ist nicht fair, solche Hunde durch die Droge Ball daran zu hindern, mit einer gewissen Gelassenheit an den unterschiedlichen Facetten des Lebens teilzunehmen, die ihnen einfach entgehen, wenn sie sich zu 80 Prozent nur auf einen kleinen Ball konzentrieren. Vor allem Hütehunde und Terrier sind dafür geradezu prädestiniert, weil sie von Natur aus ihren Adrenalinpegel sehr schnell hochfahren können, um ihre Aufgaben auch in lebensgefährlichen Situationen weiter erledigen zu können.

Fragen Sie sich, wie Sie den Tagesablauf Ihres Hundes verändern können, damit er weniger Stress hat. Schreiben Sie ganz genau auf, was Sie die Woche über mit Ihrem Hund unternehmen, wie Ihr Tagesablauf aussieht. Rechnen Sie zusammen, auf wie viele Stunden Beschäftigung und/oder Auslauf Sie kommen, und was Sie davon reduzieren können, um mehr Ruhe in den Alltag zu integrieren.
Sie brauchen kein schlechtes Gewissen zu haben – Sie müssen die Grundbedürfnisse Ihres Hundes erfüllen, alles andere ist wirklich Luxus und nicht lebensnotwendig.

Die Grundbedürfnisse des Hundes sind dabei ganz bescheiden.
Dazu gehören:

- **Sauerstoff:** Jeder braucht frische Luft zum Atmen, um am Leben zu bleiben!
- **Futter:** Jeder Hund sollte auch als erwachsener Hund wenigstens zweimal täglich gefüttert werden.
- **Wasser:** Ein Hund sollte immer frisches Wasser zur Verfügung haben. Wenn manche Hunde nur ungern Wasser aus dem Wasserhahn trinken, kann man ihnen Regenwasser oder abgestandenes Wasser anbieten. Auch die falsche Wasserschüssel kann für manche Hunde ein Grund sein, wenig oder gar nichts zu trinken.

- **Ruhephasen und Schlaf:** Wenn Hunde auf sich selbst angewiesen sind, schlafen oder ruhen sie 17 bis 20 Stunden am Tag (Wildhunde, verwilderte Hunde und Straßenhunde). Hunde sollten tagsüber eine Rückzugsmöglichkeit haben, wo sie ihre Ruhe haben können. Besonders junge Hunde oder Hunde in einem neuen Zuhause brauchen sehr viel Schlaf, um die Ereignisse des Tages verarbeiten zu können. Nachts sollte ein Hund durchschlafen dürfen.
- **Licht und Leben:** Umweltreize und Einflüsse von außen fördern die Gehirntätigkeit und das Nervensystem. Werden Hunde über einen langen Zeitraum hinweg in reizarmen Räumen, Käfigen oder Verschlägen im Dunkeln gehalten, leiden Körper, Geist und Seele. Sonnenlicht fördert das allgemeine Befinden (denken Sie an Ihre eigenen Winterdepressionen!) und beeinflusst den Organismus enorm.
- **Schutz vor Wettereinflüssen:** Ein Hund hat ein Recht darauf, vor Hitze, Regen, Sturm, Kälte und Feuchtigkeit von unten geschützt untergebacht zu sein.
- **Verdauung:** Jeder Hund sollte mindestens dreimal täglich die Möglichkeit haben, sich zu lösen – häufiger wäre noch besser. Auch das psychische Wohlbefinden des Hundes hängt stark von einer regelmäßigen Verdauung ab.
- **Gesellschaft:** Hunde sind Rudeltiere und brauchen die Gemeinschaft oder einen ausgeglichenen Familienverband. Sie brauchen Sozialkontakte für ihre Psyche. Wenn sie isoliert gehalten werden, können sie stark vereinsamen: Die Folge sind häufig soziale Deprivationsschäden, Krankheiten und Verhaltensauffälligkeiten wie Selbstzerstörung.
- **Bewegung:** Wenn ein Hund über einen längeren Zeitraum hinweg keine Möglichkeit eingeräumt bekommt, sich angemessen zu bewegen, leiden darunter sein Herz-Kreislauf-System und seine Gesundheit insgesamt: Die Muskeln werden abgebaut, die Durchblutung stark eingeschränkt, selbst die Gehirnaktivität wird beeinträchtigt. Wie viel Bewegung ein Hund braucht und welche Art der Bewegung ihm guttut, hängt ganz von Gesundheitszustand, Rasse, Alter und bisherigen Haltungsbedingungen ab. Ein gesunder, ausgewachsener Hund freut sich über zwei bis drei kleinere Spaziergänge täglich. Insgesamt reichen ein bis zwei Stunden Auslauf am Tag, die sich auch innerhalb einer Woche variieren lassen, wenn man mal an einem Tag eine Wanderung macht, an anderen Tage aber weniger Zeit für Hundeaktivitäten hat.

»Die Grundbedürfnisse von Hunden sind sehr bescheiden und müssen schon deshalb unbedingt erfüllt werden.«

DER WEG ZUM ENTSPANNTEN FREI LAUFENDEN HUND

Für jeden Weg braucht man ein Ziel – und einen Plan, wie man dieses erreichen kann. So ist das auch auf dem Weg zu einem entspannt frei laufenden Hund: Erziehung und Training machen nur Sinn, wenn man sich vorher Ziele gesetzt hat.

Wo wollen Sie überhaupt hin mit diesem Hund? Wenn Sie in ein Taxi steigen, müssen Sie auch ein Ziel benennen, ansonsten eiern Sie nur sinnlos in der Gegend herum. So lange wir keine klaren Ziele definiert haben, kommen wir nirgendwo an.
Wie stellen Sie sich also die Spaziergänge mit Ihrem Hund vor? Welche Ziele sind mit diesem speziellen Hund tatsächlich erreichbar? Gibt es vielleicht noch »Zwischenziele« auf dem Weg zum Endziel? So lange Sie nicht wirklich glauben, dass Ihr Hund tatsächlich kommt, wenn Sie ihn rufen, brauchen Sie ihn gar nicht rufen (Ihr Hund ist ja nicht doof – er kann Ihre Überzeugung in Ihrer Stimme hören). Ein Zwischenziel wäre vielleicht, dass Ihr Hund erst einmal an einer langen Leine lernt, auf Sie zu achten.

VORÜBERGEHENDE ZWISCHENZIELE

Setzen Sie sich (und damit auch Ihren Hund) nicht unter Druck, wenn Sie sich Ziele setzen. Wenn alles, was Sie sich wünschen, zu schwierig erscheint, setzen Sie sich vorübergehende Zwischenziele auf dem Weg zum nächsten: Vielleicht kann Ihr Hund ja bereits auf einem bestimmten Weg frei laufen? Das ist doch schon mal was. Auf den anderen Wegen kommt er dann eben wieder an die Leine. Manche Hunde kann man wunderbar auf einer Wiese frei laufen lassen, aber nicht im Wald, oder umgekehrt. Dann kommt er eben noch mal kurz an die Leine, wenn Sie sich einem »Gefahrengebiet« nähern. Auf Dauer werden Sie alle diese Kompromisse immer weiter reduzieren können, bis Ihr Hund den Freilauf wirklich beherrscht und Sie selbst immer mutiger werden, bis Sie Ihren Hund irgendwann besser führen können.

Formulieren Sie für sich, wie Sie sich Ihren Hund wünschen. Meiden Sie Worte wie »nicht«, »ein bisschen mehr« oder »kein«. Bleiben Sie ganz sachlich, interpretieren Sie nicht. Fokussieren Sie sich auf das, was Sie möchten, nicht auf das, was Sie *nicht* möchten. Zum Beispiel: »Ich wünsche mir einen Hund, der beim Spaziergang gelassen, ruhig und ansprechbar ist. Ich möchte, dass mein Hund bei Umweltreizen wie Radfahrern, Joggern oder Frischlingen ansprechbar bleibt.«

Setzen Sie sich Ziele, wie Sie sich Ihren Hund wünschen, und machen Sie sich daran, diese Ziele zu erreichen.

FALLGESCHICHTE AUS INGAS LEBEN

Eines Tages kam eine sportliche Kundin mit ihrem fünfjährigen Dobermann »Arco« zu mir ins Training. Sie hatte am Telefon bei der Terminvereinbarung nicht viel erzählt, umso mehr erstaunte mich, was ich zu sehen bekam: Aus dem Auto sprang ein sehr aufgeregter Dobermannrüde in voller Montur. Er trug einen Maulkorb und darunter ein Halti, ein Nylonhalsband mit Hundemarke, einen Stachelwürger, an dem die Leine befestigt war, und ein Brustgeschirr. Ich fragte, warum Arco einen Maulkorb trug. Die Besitzerin erklärte, dass der Hund im Freilauf Jogger und Radfahrer jagte und es nicht ausgeschlossen sei, dass er auch mal in die Beine zwickte. Nachdem wir den Hund ja erst einmal an der Leine lassen würden, konnte der Maulkorb schon mal runter. Was war mit Halti und Stachelwürger, wozu wurden die benötigt? Die Erklärung war einfach: In der Nachbarschaft gab es einen Hund hinter einem Gartenzaun, den Arco als seinen Erzfeind betrachtete. Zu den Spaziergängen mussten Arco und seine Besitzerin an diesem Grundstück vorbei, aber Arco würde sich dabei so aufführen, dass sie ihn nicht ohne diese zwei Hilfsmittel halten könnte. Es gäbe auch andere Hunde, die er an der Leine spontan stark verbellte, auch dann musste sie ihn halten können. Das klang logisch, allerdings war gerade weit und breit kein anderer Hund zu sehen – also auch runter mit dem Stachler und dem Halti. So konnten wir ihn nach und nach entkleiden, bis Arco nur noch die Leine am Brustgeschirr trug.
Beim Spaziergang erzählte die Kundin mir den langen und aufregenden Trainingsweg, den sie mit ihrem Dobermann bereits hinter sich hatte. Bisher hatten vier Hundeschulen und drei private Trainer ihr Glück mit Arco und Frauchen probiert – mit bescheidenen Erfolgen.
Ich wusste nun alles über Arcos unangemessene Verhaltensweisen, was alles schon versucht worden war, und was leider nicht funktionierte.
Meine Frage an Arcos Frauchen war nun: »Was ist Ihr Trainingsziel mit Arco, und wie soll er sich in Zukunft verhalten?«
Die Antwort: »Er soll im Freilauf nicht jagen gehen, er soll meine Kommandos nicht ignorieren, er soll keine Jogger und Radfahrer mehr aggressiv verjagen, er soll an der Leine nicht mehr so ziehen und er soll aufhören, andere passierende Hunde an der Leine zu verbellen.«
»Gut«, meinte ich daraufhin, »nun weiß ich, was Arco alles *nicht* machen soll, aber was soll er denn stattdessen tun? Welches Verhalten wollen Sie bei ihm erreichen?«
Die Kundin antwortete daraufhin ziemlich pampig: » Aber das habe ich Ihnen doch gerade eben schon alles gesagt!«

FALLGESCHICHTE AUS INGAS LEBEN

»Nein«, antwortete ich, »Sie haben mir erzählt, was Sie an Ihrem Hund stört, aber nicht, was er *stattdessen* zeigen soll. Könnte es sein, dass Sie sich wünschen, dass Arco im Freilauf aufmerksam und ansprechbar bleibt, dass er von Radfahrern und Joggern abrufbar ist, dass er locker an der Leine läuft und ruhig andere Hunde passiert?«
Die Kundin fragte fast ehrfürchtig: »Ja, meinen Sie, dass das möglich ist?«
»Können Sie sich das denn mit Arco vorstellen?«, wollte ich wissen. Die Kundin schüttelte entschieden den Kopf: »Nein. Nicht mit diesem Hund!«
Wenn sich ein Hundeführer nicht vorstellen kann, dass sein Hund irgendein Trainingsziel erreichen kann, dann macht es auch keinen Sinn, mit einem Training anzufangen, das wäre nur Zeit- und Geldverschwendung. Hier lag wahrscheinlich der Haken an der gesamten Trainingsgeschichte von Arco und Frauchen. Ohne Ziel kein Erfolg.
Also bat ich die Kundin, tief durchzuatmen, die Augen zu schließen und sich vorzustellen, wie ein optimaler Spaziergang mir Arco aussehen könnte. Sie versuchte es, aber ihr kamen die Tränen, als sie sagte, dass sie sich einfach nichts dergleichen vorstellen könnte.
Daraufhin schickte ich die Kundin wieder nach Hause. Sie solle sich einen Tee oder Kaffee machen, über alles in Ruhe nachdenken, und an dem Tag, an dem sie sich auch nur eins dieser Ziele vorstellen könne, solle sie mich anrufen, damit wir sofort einen Termin vereinbaren könnten.
Es dauerte zwei Wochen, bis sie mich wieder anrief. Sie meinte, sie könne sich vorstellen, dass Arco an lockerer Leine laufe. Daraufhin fingen wir sofort mit unserem Training an.
Nach kurzer Zeit hatten wir schon erste Trainingserfolge an der Leine und im Freilauf. Wir hangelten uns von einem Ziel zum nächsten und erreichten folgende Verhaltensweisen: Arco folgte gut auf alle Kommandos im Freilauf, wir konnten ihn erfolgreich von Joggern und Radfahrern abrufen, er lief zu 90 Prozent an der lockeren Leine, und er konnte (wenn auch aufgeregt, aber ohne zu bellen!) an der Leine an anderen Hunden vorbeigehen.
Arco hatte vier »ziellose« Trainingsjahre hinter sich und sein Verhalten hatte sich jeweils entweder verschlechtert oder hatte nur stagniert. Durch unser zielorientiertes Training erreichten wir die Ziele innerhalb von etwa sechs Monaten, wobei unsere Trainingsstunden teilweise einen Abstand von 2 bis 3 Wochen hatten.

Machen Sie sich vor jedem Training einen Plan – dann handeln Sie klar und verwirren Ihren Hund nicht.

MYTHEN IN DER HUNDEERZIEHUNG – ODER AUCH: VORURTEILE

Zum Thema Jagen, Jagdhund und Hunderassen gibt es so viele Vorurteile, dass man sich wundern muss, dass sich jemand mit einem jagenden Hund überhaupt noch traut, das Haus zu verlassen. Selbst Trainer, Hundeschulen, Hundeexperten haben von irgendwoher übernommene Ansichten, und sogar in Fach- und Rassebüchern stehen Glaubenssätze, die in den letzten zweihundert Jahren offenbar niemand mehr überprüft hat, wie z. B.:

- Wenn ein Hund beim Jagen bereits Erfolg hatte, also Beute gemacht und ein Tier gerissen hat, dann kann man ihn nie wieder frei laufen lassen: Wenn er einmal Blut geleckt hat, bekommt man das nie wieder aus ihm heraus
- Je häufiger ein Hund jagen geht, desto schlimmer wird es
- Beagle kann man nie frei laufen lassen, die hauen immer ab
- Windhunde kann man nicht erziehen
- Huskys kann man erst recht nicht erziehen
- Damit der Hund beim Spaziergang nicht jagen geht, muss man sich selbst interessanter machen als das Wild

Woher diese Behauptungen stammen, weiß kein Mensch, aber früher wurde auch behauptet, die Erde sei eine Scheibe, Hunde könnten nichts mehr riechen, wenn sie Käse fressen, und Frauen wären das »schwache Geschlecht«. Die gute Nachricht ist: So, wie sich alle anderen dieser Meinungen als unwahr herausgestellt haben, wurden wir – beide! – immer wieder von verschiedensten Hunden eines Besseren belehrt. Wir haben jeden der genannten Fälle schon erlebt und sind trotzdem mit allen diesen Hunden nach einer gewissen Zeit der Erziehung und des Trainings wieder vollkommen entspannt spazieren gegangen – ohne dass wir je versucht hätten, interessanter zu sein als ein Reh. Wie soll das überhaupt gehen? Wollen Sie sich ein Geweih aufsetzen? Wollen Sie sich in Fuchspipi wälzen, um für Ihren Hund interessanter zu werden? Sie können wahrscheinlich auch Ihre Ehe nicht retten, indem Sie versuchen, mit Dolly Buster oder George Clooney zu konkurrieren. Da müssen Sie schon einen effektiveren Weg finden.

Es lohnt sich immer, einmal über den Tellerrand zu sehen!

ERZIEHUNG,
TRAINING,
FÜHRUNG
So arbeiten Sie richtig mit dem Hund

DIE DREI SÄULEN IM UMGANG MIT DEM HUND

Die Begriffe Erziehung, Training und Führung werden häufig in der Hundeausbildung eingesetzt, ohne dass man wirklich genau weiß, ob oder dass es drei ganz unterschiedliche Dinge sind – auch wenn sie Hand in Hand gehen müssen.

Das eine funktioniert nur schlecht ohne das andere: Sie können einen Hund fabelhaft trainieren und alle geläufigen Kommandos nach sämtlichen lernpsychologischen Grundlagen sauber aufbauen und konditionieren – bekommt der Hund allerdings gleichzeitig keine *Erziehung* und fehlt dem Hundebesitzer gar *Führungsqualität,* dann wird sich der Hund bei starker Ablenkung an keines der gut aufgebauten Grundkommandos erinnern. Das kann man z. B. an Hunden beobachten, die auf dem Hundeplatz sehr gut »funktionieren«, die aber die trainierten Kommandos nicht ins reale Leben übersetzen, wo nämlich *alles* passieren kann – von nervösen Joggern über Rehe, die einem in die Hundeleine rennen, bis hin zu Hühnern, die mitten auf dem Weg Siesta halten. Wenn der Hund nur *trainiert* ist und nicht *gut erzogen* und *schlecht geführt,* werden Ihnen Ihre Kommandos in solchen Fällen schlicht nichts nützen. Um einen wirklich zuverlässigen Hund zu bekommen, muss man alle drei Säulen sorgfältig aufbauen und gleich stark einüben.

Erziehung bedeutet, im Grunde erst einmal nichts anderes als erwünschte Verhaltensweisen durch Bestätigung und kontinuierliche Wiederholung zu formen und gleichzeitig unerwünschte Verhaltensweisen durch das Grenzensetzen dauerhaft zu verhindern. Das klingt einfach, bedarf aber durchaus Geduld und Aufmerksamkeit.

Training bedeutet, Konditionierung und Verknüpfungen zu erstellen, indem bestimmte Verhaltensweisen auf gezielte Reize hin ausgelöst werden. Mit Training werden dem Hund die Grundkommandos beigebracht.

Führung heißt, mit einer souveränen inneren Haltung die Richtung zu bestimmen, sodass der Hund sich bei uns sicher fühlt und uns als Vorbild anerkennt, an dem er sich orientieren kann. Gute Führung bedeutet auch, dass wir *agieren* statt *re*agieren und klare, vorher durchdachte Kommandos geben, die in die momentane Situation passen (also keine Kommandos geben, die der Hund gerade nicht befolgen kann, die Stimme unter Kontrolle haben etc.).

VON DER LEINE IN DEN FREILAUF

Je öfter der Hund die Möglichkeit hat, unsere Anweisungen zu ignorieren, desto schneller schleicht sich ein Verhalten ein, das erst wieder mühsam abtrainiert werden muss. Deshalb beginnt für manche Hunde der Weg in den Freilauf an der langen Leine: Für solche, die unter partieller Amnesie leiden und sich zwischendurch nicht mehr erinnern können, wie sie heißen, oder ihren Besitzer beim Anblick einer Ente nicht mehr kennen, solche, die vor lauter Aufregung erst einmal nicht ansprechbar sind, oder solche, die an bestimmten Stellen/Gebüschen/Lichtungen das Abhauen schon ritualisiert haben. Auch dann, wenn man aus terminlichen Gründen in der Dämmerung oder im Morgengrauen spazieren gehen muss (die Zeit, in der das Wild aus der Deckung kommt) oder an Wiesen vorbei muss, auf denen grundsätzlich Wild steht, falls man beim Spaziergang telefonieren muss oder zu müde/schwach/krank/genervt/angestrengt ist, um den Hund gerecht und entspannt zu kontrollieren.

WEDER ERZIEHUNGSMASSNAHME NOCH STRAFE: DIE LEINE

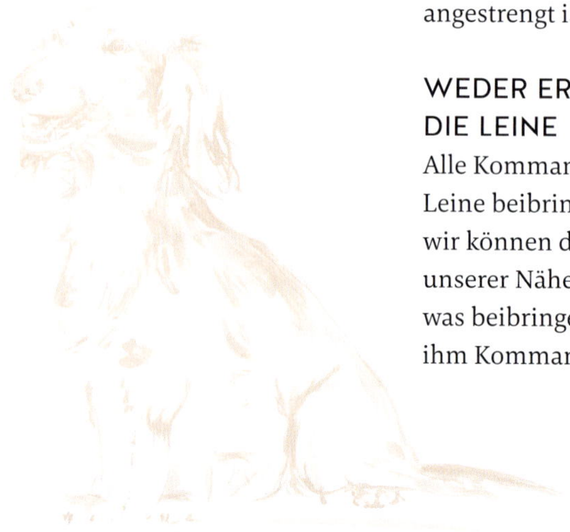

Alle Kommandos und alle Übungen lassen sich dem Hund auch ohne Leine beibringen. Die Leine an sich bringt dem Hund gar nichts bei – nur wir können das. Dabei ist die Leine nur ein Hilfsmittel, um den Hund in unserer Nähe zu behalten, bevor er das von sich aus macht, um ihm etwas beibringen zu können. Während wir mit dem Hund arbeiten und ihm Kommandos beibringen, wird die Leine nicht benutzt: Es wird *nicht*

daran geruckt, *nicht* daran gezuppelt, gezogen, und es werden auch keine noch so minimalen Impulse gegeben, um den Hund auf irgendetwas aufmerksam zu machen. Hunde gewöhnen sich viel zu schnell an diese Rucke und Impulse und werden davon sogar abhängig, sodass sie ohne Ruck das Kommando gar nicht wahrnehmen. Das Problem bekommen wir dann, wenn wir später die Leine nicht mehr dabeihaben: Woran soll der Hund sich dann halten?

WIE SOLL DIE LEINE AUSSEHEN?

Gerade bei großen und schnellen Hunden sollte die Leine dabei nicht länger als fünf Meter sein, weil die Beschleunigung des Hundes von 0 auf 45 km/h Ihren Arm aus den Angeln heben wird und die Verletzungsgefahr von Hundehalter wie auch dem Hund sehr hoch ist: Ist der Hund im vollen Lauf, fliegt der Mensch an der langen Leine wie ein Kaugummi in einer Wurfschleuder durch die Gegend. Die Leine sollte rutschfest sein – wir mögen am liebsten gummierte Nylonleinen, bei denen man einen guten Griff hat, selbst wenn es in Strömen regnet, oder Fettlederleinen, die sich im Matsch nicht vollsaugen, gut in der Hand liegen und einem keine Verbrennungen zufügen, wenn sie durch die Hand gleiten.
Auch gut für größere Hunde: einen Rolladengurt aus dem Baumarkt, den man mit einem Karabiner versieht. Griffig, wiegt kaum etwas, saugt sich nicht voll, ribbelt sich beim Nachschleifen nicht auf und kostet fast nichts.
Zu Leinen von fünfzehn bis zwanzig Metern Länge haben wir ein gestörtes Verhältnis, weil sie sehr gefährlich sein können. Der Hund hat zwar mehr Freiraum und beruhigt daher unser schlechtes Gewissen (»Wenn er schon an der Leine sein muss, kann er sich so wenigstens ein bisschen austoben!«), ist aber an der langen Leine nur schlecht kontrollierbar, er kann hängen bleiben, sich im Nullkommanix um fremde Beine, Kinder, Fahrräder oder andere Hunde wickeln und andere und sich selbst verletzen. Wir kennen beide eine ganze Anzahl von Menschen mit verkürzten Fingersehnen oder gar fehlenden Fingern, die von ihren munteren Hunden an langen Leinen durch die Gegend geschleift worden sind, oder Hunde mit erheblichen Verletzungen, nachdem sie mit Anlauf und Karacho in ihr Brustgeschirr oder ihr Halsband gedonnert sind. Im Zweifel tun Sie also weder sich noch dem Hund einen Gefallen mit der langen Leine.

»Die Leine ist nur eine Begrenzung, kein Erziehungs- oder Kommando-Ersatz, kein Abschleppseil und auch kein Lasso.«

WORAN MAN DIE LANGE LEINE AM BESTEN BEFESTIGT

Im Prinzip haben wir nichts gegen ein breites, flaches Halsband – solange niemand daran zieht, reißt oder ruckt. Wenn sich Ihr Hund allerdings zwischendurch immer wieder mal in ein Brauereipferd verwandelt und zieht, was das Zeug hält, oder sich unangekündigt nach vorne in die Leine wirft, ist es grundsätzlich ratsam, den Hund an einem gut sitzenden Brustgeschirr zu führen, um die Wirbelsäule und den gesamten Halsbereich zu schonen.

DER GEBRAUCH DER LEINE

»Wenn der Hund angeleint ist, verhalten wir uns grundsätzlich so, als wäre gar keine Leine am Hund befestigt.«

Sie glauben wahrscheinlich, wir machen Witze – aber man sieht täglich immerzu, wie die Leine missbraucht wird: Mensch und Hund sind irgendwie aneinandergebunden, ohne miteinander verbunden zu sein, und gehen damit miteinander spazieren, ohne im geringsten zu kommunizieren. Der Mensch schleppt den Hund wortlos durch die Gegend, der Hund schleift den Menschen an den Grünstreifen, und irgendwann sind die beiden dann wieder zu Hause nach einem Ausflug, bei dem jeder irgendwie sein Ding gemacht hat. Von nun an benutzen wir die Leine ausschließlich als Hilfsmittel, die den Hund daran hindern soll, im Zweifelsfall das Weite zu suchen. Sie ist kein Richtungsweiser, kein Lasso, kein Abschleppseil und auch nicht unser Sprachrohr. Wenn der Hund angeleint ist, verhalten wir uns grundsätzlich so, als wäre keine Leine am Hund befestigt. (Das ist allerdings nicht das Gleiche wie die Hunde, die man manchmal sieht, die auch so tun, als wäre keine Leine an ihnen befestigt – die tun auch so, als wäre gar kein Besitzer da hinten dran.) Wir geben dem angeleinten Hund Hör- und Sichtzeichen, als wäre die Leine nicht da, denn sie ist ausschließlich als Begrenzung gedacht.

Einen Hund an der Leine zu führen heißt noch lange nicht, dass wir ihn führen.

WIE DER HUND LERNT, SICH BEIM SPAZIERGANG ZU ENTSPANNEN

Das Arbeiten an der Leine muss so aufgebaut werden, dass es für den Hund verständlich ist und gleichzeitig von ihm verlangt, zur Ruhe zu kommen.

Wenn Sie mit einem Hund an der Fünf-Meter-Leine spazieren gehen, der die Augen und Ohren überall hat – im Gebüsch, am Horizont – und Sie auch ganz oder ansatzweise immer in die Richtung dessen reißt, was ihn gerade interessiert, dann ist er nicht »bei Ihnen«, schenkt Ihnen also auch nicht die notwendige Aufmerksamkeit, um Ihnen zu folgen. In diesem Fall müssen Sie Bewegungsgrenzen setzen, indem Sie ihm nicht erlauben, den Weg zu verlassen – und zwar weder körperlich noch mental. Wenn Ihr Hund am Wegrand steht und sich dafür interessiert, was da hinten im Unterholz ist, ist er in diesem Moment mental nicht mehr auf dem Weg, sondern längst da hinten im Busch. Wenn Sie dieses Verhalten zulassen, wird Ihr Hund sich in dieses jagdlich motivierte Verhalten hineinsteigern – was niemand will.

Machen Sie dann sofort und auf der Stelle die Übung zum Grenzensetzen auf Seite 94.

Wenn Sie das ein paar Mal machen, werden Sie sehen, dass der Hund immer ruhiger wird und dabei auf dem Weg bleibt – weil er weiß, dass Sie seinen Gedanken, sich für irgendetwas im Unterholz zu interessieren, bereits im Ansatz unterbrechen und ihn nicht lassen.

Sie dürfen den Hund keinesfalls an der Leine aus dem Busch oder zu sich ziehen, wie man das häufig sieht: Die Leine ist keine Angel, und Sie sind nicht der Abschleppdienst für Ihren Hund. Wenn Sie die Leine einsetzen wie ein Lasso, bekommen Sie keinen Kontakt zum Hund, er muss nicht nachdenken, auch nicht über das, was Sie von ihm möchten. Er muss nicht einmal reagieren – Sie machen das ja schon für ihn, indem Sie ihn zu sich ziehen.

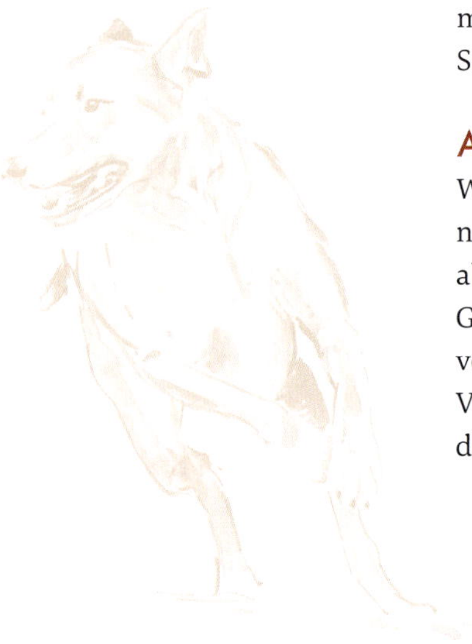

ABBAU DER SCHLEPPLEINE

Wenn Sie die verschiedenen Kommandos sauber über Erziehung, Training und Führung aufgebaut haben, können Sie anfangen, den Hund abzuleinen. Am sinnvollsten ist es, den Hund vorläufig nur in sicherem Gelände und nur für relativ kurze Zeitabschnitte, die Sie von Mal zu Mal verlängern und im Laufe der nächsten Tage und Wochen steigern.

Viele Leute trauen sich eher, die Leine fallen und schleifen zu lassen, als den Karabiner vom Hund loszumachen. Das Problem hierbei ist, dass der

Hund ganz genau weiß, dass er noch an der Leine ist, und sich deshalb artig verhält – kaum aber machen Sie die Leine länger ab, folgt er dann wieder dem Ruf der Wildnis. Um ihm etwas beizubringen, muss die Leine also wenigstens minutenlang abgemacht werden. Ausnahmen sind nur die Hunde, die sich noch nicht trauen, ganz an den (neuen) Besitzer heranzukommen, oder solche, die Probleme haben, sich anleinen zu lassen: Da lässt man die Leine lieber erst einmal fallen, damit man nicht gleichzeitig das Problem des Handscheu-Seins trainieren muss. Alles schön der Reihe nach.

Das Kind ist sehr stolz darauf, den großen Hund an der Leine zu führen – und der Hund ist stolz, dass er auf das Kind achten darf.

FALLGESCHICHTE AUS INGAS LEBEN

Ich kann mich noch genau an einen Hund namens »Fuchur« erinnern. Er war eine gelungene Mischung aus Dogge-Weimeraner und Husky mit einem unglaublich hohen Energielevel. Er kam fast nie zur Ruhe, war im Haus eine Katastrophe, machte alles kaputt und versuchte sogar die Wände hochzuklettern. Fuchurs Besitzer hatten sich in der Vergangenheit schon schwere Verletzungen zugezogen, wenn er ohne Vorankündigung, aber mit Anlauf und Höchstgeschwindigkeit in die Zehn- Meter-Leine raste. Die Besitzer kamen im Wohnmobil, um eine Woche lang bei mir zu trainieren. Gar keine schlechte Idee, fand ich, denn im Wohnmobil war Fuchur gezwungen, zur Ruhe zu kommen: Es gab einfach nicht genug Platz für Blödsinn.

Fuchur hatte sich im Freilauf bisher folgendermaßen verhalten: Leine ab – und weg. Da half kein Rufen, Pfeifen oder Schimpfen: Er war ja gar nicht mehr da. Deshalb hing Fuchur bereits seit über einem Jahr an der Schleppleine. Vor lauter schlechtem Gewissen erlaubten sie ihm wenigstens die Jagd auf Mäuse. Gleich in der ersten Stunde nahm ich den Hund an die Leine, weil er – wie zu erwarten – andauernd am Buddeln war, und verbot ihm dies körpersprachlich. Ich sprach dabei kein Wort mit ihm, sondern unterhielt mich mit den Besitzern, hangelte mich aber währenddessen immer wieder an den Hund heran und drängte ihn ruhig von den Löchern weg. Fuchur führte wie besessen ein angelerntes Verhalten aus, weil er der Meinung war: Es geht nach draußen – das bedeutet Action! Ich machte dem Hund eine Stunde lang wortlos klar, dass Buddeln von nun an aus dem Repertoire der Verhaltensmuster gestrichen war. Nach diesem Spaziergang fiel Fuchur zum ersten Mal in seinem Leben für drei Stunden in den Tiefschlaf. Das Buddeln hatte ihn immer auf einen hohen Adrenalinlevel gebracht, der verhinderte, dass er jemals zur Ruhe kommen konnte. Nachdem das bei diesem Spaziergang weggefallen war, konnte er zur Ruhe kommen. Bei den nächsten Spaziergängen musste ich ihn noch zweioder dreimal daran erinnern, dass auch heute nicht gebuddelt wurde. Da nun das Buddeln und Mäuseln vom Programm gestrichen war, wurde Fuchur ruhiger, und man konnte ganz normal mit ihm spazieren gehen. Er zog auch nicht mehr an der Leine, weil ihm diese Option nicht mehr gestattet wurde – und die Aufregung schwand. Dadurch wurde er automatisch ruhiger und blieb »bei« seinen Menschen. Erst dann konnten wir überhaupt anfangen, die Grundlagen mit ihm zu trainieren.

Es gibt viele Hunde wie Fuchur mit ähnlichen Verhaltensweisen und deren Auswirkungen.

ERZIEHUNG

Ein gut erzogener und gut sozialisierter Hund ist viel mehr wert als einer, der »nur« gut gehorcht! Ein gut erzogener Hund verhält sich in Alltagssituationen so souverän, dass Sie kaum noch Kommandos brauchen, um ihn zu kontrollieren.

ÜBUNG: DAS RUHIGE ABLEINEN

Ziel der Übung ist es, dass der Hund vom Besitzer ruhig abgeleint wird, dabei entspannt bleibt und sich weiterhin am Hundeführer orientiert – trotz verlockender Ablenkungen.

Wer hätte gedacht, dass sogar ein simples Ableinen ein menschliches Problemverhalten ausdrücken kann! Sehr häufig sieht es nämlich so aus: Der Hund ist aufgeregt, weil er am Eingang des Parks angekommen ist und weiß, dass jetzt gleich Spaß und Hurra kommt, und außerdem sind da hinten seine Kumpels und überhaupt ... Der Mensch lässt seinen Hund mühsam »Sitz« machen, damit der einigermaßen still hält und es überhaupt möglich macht, den Karabinerhaken von Geschirr oder Halsband zu lösen. Dann erhält der Hund das Startsignal »Lauf« und rennt geradewegs mit hohem Energielevel davon, zu seinen Freunden, in die Freiheit – wie ein Pferd auf der Rennbahn, das aus seiner Startbox saust. Dies sind keine guten Voraussetzungen für einen ruhigen, entspannten Freilauf.

Nachdem unser Credo in diesem Buch (und im Leben überhaupt) ja »Ruhe und Gelassenheit« ist, möchten wir Ihnen eine ganz einfache, sehr effektive Art des Ableinens erklären, um den Hund in Zukunft ganz ruhig, ohne überflüssige oder aufregende Kommandos abzuleinen, sodass er trotzdem gedanklich »bei Ihnen bleibt«.

Wann Sie Ihren Hund ableinen, entscheiden Sie allein und für sich. Am besten nur dann, wenn Sie sich sicher fühlen, wenn jegliche Gefahrenzonen (wie Hauptverkehrsstraßen, Eisenbahnschienen, Hühnerhöfe...) weit, weit weg sind, und auch nur dann, wenn Ihr Hund entspannt ist und keinen besonders jagdlich interessierten Eindruck macht oder aber

verstört und ängstlich wirkt. Es ist wahrscheinlich auch viel besser, wenn Sie Ihren Hund nicht gerade dann ableinen, wenn an den Rheinwiesen vor Ihnen 2000 Wildgänse ein Nickerchen machen, eine Schafherde weidet oder Ihnen eine große Fahrradgruppe mit 40 Fahrradfahrern entgegenkommt.
Halten Sie mit Ihrem angeleinten Hund an und machen Sie eine kurze Pause, bis Ihr Hund einen ruhigen und entspannten Eindruck macht und die Leine locker ist. Verschaffen Sie sich einen kurzen Überblick über die Umgebung. Wenn die Luft rein ist, lösen Sie kommentarlos den Karabiner und bleiben dabei weiterhin stehen (Ziel ist es, dass Ihr Hund sich erst dann in Bewegung setzt, wenn Sie selbst gemütlich losmarschieren). Sollten Ihr Hund loslaufen, sobald Sie den Karabiner entfernt haben oder bevor Sie losgehen, bauen Sie folgenden Zwischenschritt ein:
Verfahren Sie zu Beginn wie oben beschrieben. Lösen Sie den Karabiner und bieten Sie Ihrem Hund einen Keks an, ziemlich bald den nächsten und sofort wieder einen. Halten Sie ihn mit dem Futter ruhig, aber stetig beschäftigt, damit er erst mal keine Zeit hat, ohne Sie loszulaufen. Nach kurzer Zeit stoppen Sie die Keksausgabe und gehen Ihres Weges. Ähnlich wie bei der Übung »Versammeln« (siehe Seite 90), beschäftigen Sie Ihren Hund so, dass er nicht auf die Idee kommt, von sich aus zu entscheiden, wann er sich wieder auf den Weg macht, sondern eben erst dann, wenn Sie es tun. Von Mal zu Mal sollten Sie die Sequenz von Keks zu Keks verlängern, sodass Sie ihm nur noch einen geben, bevor Sie losgehen – und bald dann keinen mehr, weil Ihr Hund jetzt nämlich entspannt abwartet, bis Sie losgehen.

»Den Hund von der Leine zu lassen ist kein Äquivalent für ›Achtung, fertig – los!‹«

ÜBUNG: LOBET DEN HUND

(Wahrscheinlich die wichtigste und schönste Übung von allen)
Ziel dieser Übung ist es, beim Hund Verhaltensweisen zu formen, mit denen er sich zukünftig mehr an seinen Menschen orientiert. Denn wie soll der Hund wissen, wie er sich beim Spaziergang verhalten soll, wenn es ihm niemand erklärt?

Sie gehen mit dem Hund spazieren und beobachten ihn nur – wobei Sie *alles* loben, was Ihnen gefällt. Er wird vorauslaufen, schnüffeln, sein Bein heben, und vielleicht mal einen Blick zurück zu Ihnen werfen – *das* gefällt Ihnen, das wird gelobt. Er läuft weiter, er geht vielleicht ins Gebüsch,

Wenn der Hund von sich aus aus dem Gebüsch auf den Weg zurückkommt, ist das Anlass zum Loben!

was Ihnen eigentlich nicht so gut gefällt – aber wenn er wieder herauskommt, *das* gefällt Ihnen, wird also gelobt. Dass er von sich aus, während wir spazieren gehen, zurückkommt und kurz Hallo sagt, ohne dass Sie ihn gerufen haben, das ist geradezu großartig, ein wirklich netter Zug von ihm: Wird gelobt. Wenn der Hund einmal weit vorausläuft, drehen Sie sich wort- und grußlos um und gehen in die andere Richtung – kommt er von ganz alleine hinter Ihnen her, wird er gelobt, denn dieses Kommen zeigt seine große Bereitschaft, sich an Ihnen zu orientieren. Alle Dinge, die zeigen, dass der Hund sich an Ihnen orientiert, werden gelobt, wenn auch nicht zu sehr, denn wir wollen keine aufgeputschte Partystimmung erzeugen, sondern ihm nur unsere Wertschätzung demonstrieren. In den ersten paar Tagen, in denen wir diese Übung machen, bekommt der Hund sogar eine Futterbelohnung, wenn er von sich aus kommt, aber auch wirklich nur dann und nur dafür.

»Freuen Sie sich Ihres Hundes und loben Sie zur Abwechslung alle Verhaltensweisen, die Ihnen gefallen.«

Sie werden feststellen, dass der Hund nach ein paar Tagen mehr von den Dingen zeigt, die wir gut finden, als von denen, die wir nicht so toll finden – und zwar obwohl Sie keinerlei Erwartungen an ihn gestellt haben. Loben wir immer wieder ein Verhalten, das der Hund von sich aus anbietet, verstärken wir dieses Verhalten auf diese Weise, und er wird es in Zukunft häufiger zeigen. Gleichzeitig bekommen Sie einen Blick dafür, was Ihr Hund eigentlich tatsächlich tut in seiner Freizeit, und dass er sich an Ihnen orientiert. Außerdem schafft diese Übung eine entspannte, friedliche Stimmung – der Spaziergang wird für beide Seiten viel angenehmer. Die meisten Leute gehen nämlich immer nur auf die Dinge ein, die der Hund unterlassen soll: Das heißt also, der Hund wird, wenn überhaupt, dann vor allem negativ angesprochen. Jetzt dagegen gehen Sie spazieren und richten den Blick ausschließlich auf die positiven Dinge – und ändern damit das ganze Spiel.

Gut, was? Gehen Sie am besten sofort los und probieren Sie es aus. Wenn Sie sich nicht trauen, lassen Sie den Hund erst mal noch an einer langen Leine. Aber nix wie los.

Wenn der Hund vorausgelaufen ist und auf Sie wartet, ist das ein Grund, zu loben!

ÜBUNG: VERSAMMELN

Ziel der Übung ist es, die Aufmerksamkeit vom Hund auf den Menschen zu fördern und ihm beizubringen, dass er bei uns bleibt, wenn wir eine Pause vorgeben.

Pausen beim Spaziergang sind Gold wert, weil sie mehr Ruhe in den Spaziergang bringen. Die meisten Hunde haben gelernt, dass »Leine los« bedeutet, dass sie jetzt losrennen, ihre Freunde sehen, Action machen – also in einen Zustand der Aufregung geraten. Das wiederum ist die Stimmung, in der der Hund auch am ehesten jagen geht. Das »Versammeln« ist eine großartige Übung für Vorsteh-, Stöber- oder Windhunde, die sich meistens weit vom Menschen entfernen.

»Sorgen Sie immer wieder für Ruhe und Gelassenheit, entschleunigen Sie Ihren Hundespaziergang.«

Beim »Versammeln« lernt der Hund, dass er, sobald sein Mensch länger als zwei Minuten auf der gleichen Stelle stehen bleibt, von sich aus zu seinem Menschen läuft und so lange bei ihm »abhängt«, bis der Mensch weitergeht – und zwar ohne Kommandos, Pfeifen, Sitz oder Leine. Das Versammeln soll ein angewöhntes Verhalten werden, der Hund soll wissen: Wenn mein Mensch stehen bleibt, dann gehe ich zu ihm zurück und bleibe bei ihm.

Wenn Sie mit Ihrem Hund im Wald oder auf dem Feld oder einer großen Wiese mit wenig Ablenkungen unterwegs sind, bleiben Sie stehen. Nehmen Sie Ihr Handy oder Ihre Uhr und schauen Sie, wann zwei Minuten um sind. Zwei Minuten sind eine lange Zeit: Die meisten Hunde kommen schon nach etwa einer Minute zurück, um zu schauen, wo Sie denn bleiben, weil Ihr »Herumstehen« ziemlich ungewöhnlich ist. Wenn er allerdings nicht kommt, rufen Sie ihn zu sich (siehe Seite 118) und lassen, sobald er bei Ihnen angekommen ist, einen Hundekeks fallen. Sobald er aufschaut, ob da nicht noch ein zweiter kommt, lassen Sie noch einen zweiten fallen, wenn er wieder hochschaut, einen dritten, dann einen vierten … Anfangs halten Sie den Zeitraum zwischen den Keksen sehr kurz, damit er beschäftigt ist, bis wir wieder weitergehen. Bei sehr nervösen Hunden, die so gar nichts von Stillstehen halten, bleiben wir erst einmal nur 20 Sekunden stehen, dann von Mal zu Mal etwas länger, dann nach einer Weile eine Minute, dann drei, dann fünf. Gleichzeitig verlängern wir die Sequenzen, in der wir den Keks fallen lassen, wir warten zehn Sekunden, bevor wir einen fallen lassen – bis Sie nur noch alle 60 Sekunden mal einen Keks

Anfangs macht es Sinn, den Hund bei dieser Übung mit etwas Fressbarem zu beschäftigen, damit er nicht vor Ihnen losläuft.

fallen lassen und schließlich zehn Minuten lang stehen bleiben können, ohne überhaupt einen Keks zu verschenken. So können Sie nach und nach die Futterbelohnungen einstellen, bis Sie gar keine mehr benötigen. Diese Übung können Sie auf längeren Spaziergängen auch wunderbar zwei- oder dreimal einbauen. Sie lässt sich auch großartig mit mehreren Hunden durchführen – achten Sie nur darauf, dass es unter den Hunden keine Futter-Aggression gibt: In diesem Fall füttern Sie lieber jeden einzeln direkt aus der Hand.

Jäger, die auf Drück- oder Treibjagd gehen wollen, sollten diese Übung nicht aufbauen, denn die *wollen* ja, dass ihr Hund sich entfernt und nicht bei ihnen bleibt und herumsteht.

ÜBUNG: BEWEGUNGSRADIUS BEGRENZEN – AUF DEM WEG BLEIBEN

Ziel der Übung ist es, dass der Hund auf bestimmten Strecken ausschließlich auf dem Weg bleibt.

Ein jagdlich interessierter Hund, der nicht ins Unterholz geht, verpasst auf diese Weise von vorneherein viele Chancen auf Begegnungen mit Wild – denn es lebt ja im Dickicht. Auf Spaziergängen in Wald und Flur gibt es meistens bestimmte Strecken, auf denen der Hund unbedingt auf dem Weg bleiben muss: In Maisfeldern wohnen gewöhnlich Wildschweine, im Mai und Juni werden Kitze in die hohen Wiesen gelegt, auch Wildeinstände und offene Gärten gehen Hunde nichts an. Viele Hundebesitzer kontrollieren ihre Hunde immer wieder mit einem »Raus da« oder »Auf den Weg«. Das holt den Hund zwar immer wieder aus dem Gebüsch oder aus dem Garten heraus, bringt ihn aber nicht dazu, grundsätzlich

Sobald Ihr Hund ins Gebüsch möchte, bleiben Sie kurz stehen und sehen ihn an.

Dann hangeln Sie sich mit der Leine an den Hund heran, ohne dass er weitergehen kann.

Stellen Sie sich zwischen Hund und Gebüsch und gehen Sie langsam mit ausgebreiteten Armen auf den Hund zu.

nur auf dem Weg zu bleiben. Gerade das aber führt zu mehr Ruhe und Sicherheit im Freilauf.
Um ihm das »Gebüsch-No-Go« beizubringen, kommt der Hund mit Brustgeschirr an eine drei bis fünf Meter lange Leine. Gehen Sie locker mit ihm spazieren mit der inneren Haltung, dass Ihr Hund auf dem Weg bleibt. Sobald Sie bemerken, dass der Hund körperlich oder mental vom Weg ab und ins Gebüsch gehen möchte, dann müssen Sie bereits reagieren (nicht, wenn der Hund nur am Wegrand schnüffeln oder Gras fressen möchte – er muss wirklich *vom Weg herunter* wollen): Sie bleiben sofort stehen, halten den Zug an der Leine, sehen den Hund an und hangeln sich mit der Leine an den Hund heran, so, dass er stehen bleiben muss. Sie ziehen den Hund *nicht* zu sich, sondern gehen auf ihn zu, sodass er keine Möglichkeit hat, einen weiteren Schritt

»Sie müssen reagieren, sobald Sie bemerken, dass Ihr Hund sich mental vom Weg entfernt.«

Drängen Sie den Hund langsam und ganz ruhig zurück auf den Weg, ohne den Hund dabei anzusprechen.

Das körperliche Zurückdrängen ist eine ausdrucksstarke, klare Geste. Werden Sie nicht hektisch oder bedrohlich.

Ist der Hund wieder auf dem richtigen Weg, bleiben Sie kurz stehen, bevor Sie im normalen, entspannten, ruhigen Tempo weitergehen.

nach vorne zu machen. Stellen Sie sich zwischen Hund und Busch und gehen Sie langsam mit ausgebreiteten Armen auf den Hund zu, sodass Sie ihn langsam und *ganz ruhig* zurück auf den Weg drängen. Sie sprechen dabei kein Wort: Allein das körperliche Zurückdrängen ist eine sehr ausdrucksstarke, klare Geste (denken Sie daran, wie es aussieht, wenn ein Hund dem anderen den Weg versperrt: Da gibt es nicht den geringsten Zweifel, was gemeint ist).

»Mithilfe von Bewegungsgrenzen sorgen Sie für Ruhe und Entspannung auf dem Spaziergang.«

Es ist dabei von großer Bedeutung, dass Sie absolut ruhig bleiben. Werden Sie aufgeregt, hektisch oder gar laut, wird Ihr Hund glauben, Sie seien auch ganz außer sich wegen des fabelhaften Geruchs da vorne – und zack!, ist er wieder im Gebüsch.

Nachdem Sie ihn zurück auf den richtigen Weg gebracht haben, bleiben Sie ganz kurz stehen, bevor Sie im normalen, entspannten, ruhigen Tempo weitergehen.

Ihr Ziel ist es, dass Sie diese Begrenzung später auch ohne Leine und von Weitem allein durch Körpersprache ausführen können: Nur mit einer Handbewegung, die dem Hund erklärt, dass er weitergehen soll. Dabei bleiben Sie stehen und sehen den Hund an. Nachdem Sie vorher ja über einen langen Zeitraum und immer wieder mit dem Hund an der langen Leine das Ritual aufgebaut haben, dass er *nicht* vom Weg gehen darf, wird er, sobald ihm das wieder einmal einfällt, automatisch zu Ihnen schauen. Wenn Sie ihn dann anschauen und nur die Hände heben, wird er sofort wissen: Ok, kein Problem, das hatte ich ja sowieso nicht richtig vor. Es gibt sogar viele Hunde, die man überhaupt nur ansieht, während man kurz innehält, schon drehen sie ab.

Das Großartige an dieser Übung ist, dass sie auf den täglichen, vertrauten Strecken für Ruhe und Ordnung sorgt, denn der Hund gewöhnt sich sehr schnell an die bestimmten Grenzen und wird sich in Zukunft von alleine daran halten. Außerdem wird er entspannter, weil es die Option gar nicht mehr gibt, an bestimmten Stellen ins Unterholz zu donnern.

So sieht entspannter, gut gelaunter Freilauf aus!

Ein schönes Ritual-Spiel: Auf einen Baumstamm springen und warten, bis es einen Keks gibt.

RITUALE IN DEN SPAZIERGANG EINBAUEN

Rituale schaffen Sicherheit bei Mensch und Tier, sorgen für eine gewisse Ordnung und sind etwas, worauf man sich verlassen kann. Erziehung ist vor allem das Schaffen von Gewohnheiten und Ritualen – so kann man auch an »unsicheren« Stellen während des Spaziergangs ein zuverlässiges Verhalten des Hundes aufbauen – an Feldern, die gerade gegüllt wurden, an Wegstrecken, an denen immer Jogger oder Mountainbiker um die Ecken geschossen kommen etc.

Üben Sie an solchen Strecken z. B. immer »Hinter mir« (siehe S. 130) – sodass er sich bald an engen oder kurvenreichen Strecken automatisch hinter Ihnen einordnet. Bei Hunden, die noch vermehrt an der Leine laufen müssen, üben Sie an der Leine, lassen ihn aber die letzten paar Meter der Strecke ohne Leine im »Hinter mir« laufen.

Oder Sie lassen Ihren Hund auf bestimmten Baumstämmen oder Parkbänken sitzen und ein Kunststück machen, wofür er dann einen Keks bekommt. Auf diese Weise bauen Sie die Zuverlässigkeit Ihres Hundes wie »von selbst« auf – ähnlich wie die Ausbildung von Blindenführhunden vor allem auf Ritualen basiert. Wenn Ihre Hunde gewohnt sind, beispielsweise hinter Ihnen zu gehen, bis Sie an ein bestimmtes Feld kommen, wo sie dann frei laufen dürfen, dann werden sie bald ganz ohne Kommandos hinter Ihnen gehen – bis Sie das Feld erreichen, auf denen Ihre Hunde dann wilde Wutz spielen können.

FREILAUF LANGSAM AUFBAUEN - MACHEN SIE SICH UND IHREN HUND NICHT NERVÖS

Manche Hunde müssen den Freilauf, den wir meinen, erst einmal in kleineren Dosierungen lernen, bevor sie auch lange Strecken und ganze Spaziergänge ganz ohne Leine absolvieren können.

- In den ersten zehn, fünfzehn Minuten des Spaziergangs sind sie ganz bei uns – aber plötzlich legt sich ein Hebel in ihrem Kopf um und sie sind nicht mehr ansprechbar, verfallen ins Jagdverhalten und sind einfach »woanders«: Solche Hunde lässt man die Hälfte der Zeit, die sie brauchen, um ihren »Hebel« umzulegen, frei laufen. Ist Ihr Hund beispielsweise die erste Viertelstunde »bei Ihnen«, lassen Sie ihn sieben Minuten lang frei laufen, nehmen ihn dann an die Leine und machen andere Übungen, suchen ein paar Leckerchen, üben »Hinter mir«-Gehen (siehe Seite 130) oder machen eine Pause, stehen einfach ein bisschen herum und betrachten die Gegend, um wieder Ruhe in die Situation zu bringen. Sobald Sie merken, dass Ihr Hund wieder »runterkommt«, lassen Sie ihn wieder für sieben, acht Minuten laufen. Im Laufe der Zeit werden Sie die Freilaufzeit von Mal zu Mal verlängern können – erst zehn Minuten, dann zwölf, dann eine Viertelstunde, irgendwann eine halbe Stunde –, bis Sie mit diesem Hund wie mit einem ganz normalen, domestizierten Haustier durch Wald und Flur laufen können – ohne dass er wie der Hund von Baskerville auf Acid unter Kleinvieh und Bauern Angst und Schrecken verbreitet.
- Wenn Sie selber allerdings erst einmal allen Mut zusammennehmen müssen, um den Hund überhaupt nur 60 Sekunden von der Leine zu lassen, dann steigern Sie sich eben in den kleinstmöglichen Einheiten: Wenn Sie sich überfordern, bringt das alles nichts. Es geht ja nicht zuletzt um Ihre innere Sicherheit. Wenn Sie den Hund länger frei lassen, als Sie ihm vertrauen, wird Ihr Hund diese Unruhe und Furcht bemerken und nicht gerne zu Ihnen zurückkehren. Nehmen Sie sich die Zeit, die Sie und Ihr Hund brauchen.

TRAINING

Für den sicheren Freilauf ist nicht nur Erziehung wichtig, sondern auch ein paar gut sitzende Kommandos, die trainiert und regelmäßig geübt werden müssen.

Mit den Grundkommandos wie Sitz, Platz, Bleib oder Fuß halten wir uns an dieser Stelle nicht auf – wir gehen davon aus, dass Ihr Hund das längst kann. Wir konzentrieren uns in diesem Buch auf Kommandos, die im Freilauf wichtig sind – wie »Zu mir!«-Kommen (ohne Vorsitzen, aber mit Kontaktaufnahme zum Menschen), » Weiter!« (um den Hund auf Entfernung zu lenken), den »Kehr um!«-Pfiff für den Notfall, um den Hund aus einer jagdlichen Handlung heraus- und zurückzupfeifen und »Hinter mir« (wobei der Hund ruhig und entspannt so lange hinter dem Besitzer laufen soll, bis der ihn wieder »frei« gibt). Wir gehen einfach davon aus, dass Sie Sitz, Platz, Warten, Salto rückwärts und was Sie sich sonst noch wünschen schon längst trainiert haben, denn es würde sonst den Rahmen dieses Buches sprengen.

HÖR- UND SICHTZEICHEN VERWENDEN

Wir arbeiten mit Hör- und Sichtzeichen. Wenn wir beides verwenden, können wir auch beides einzeln einsetzen – wenn es z. B. dunkel ist und ich den Hund nicht sehe oder er schon um die Kurve gelaufen ist, dann ist es sehr hilfreich, wenn er die Hörzeichen beherrscht. Wenn der Hund uns sehen kann (auch, wenn er weit weg ist), setzen wir zur Schonung der Stimmbänder Handzeichen oder Körpersprache ein, was auch viel eleganter ist, als in Wald und Flur herumzubrüllen.

Sichtzeichen funktionieren bei vielen Hunden deutlich besser als Worte, weil es ihrer eigenen Sprache viel näher kommt, der nonverbalen Kommunikation durch Körpersprache wie Gestik, Mimik und Habitus.

»Kommandos müssen auf eine gewisse Weise in einer bestimmten ›Lernatmosphäre‹ trainiert werden, sonst macht es wenig Sinn.«

FALLGESCHICHTE AUS KATHARINAS LEBEN

An manchen Tagen bin ich ungewohnt maulfaul und habe keine Lust zu sprechen. An solchen Tagen spreche ich meine Hunde ausschließlich per Sichtzeichen an – als hätte ich die Stimme verloren. Tatsache ist, dass die Hunde an diesen Tagen deutlich häufiger einchecken und generell mehr auf mich achten: Würde man eine Strichliste über den Augenkontakt führen, den die Hunde zu mir aufnehmen, käme etwa die doppelte Zahl zustande wie an den Tagen, an denen sich die Hunde einfach darauf verlassen, dass man sie schon ansprechen wird. Natürlich habe ich das in abgeschiedenen Wäldern geübt, nicht mitten im sommerlichen Stadtpark, in denen die Ablenkungen so groß sind, dass es für Hunde schwierig ist, sich überhaupt auf irgendetwas länger als fünf Sekunden zu konzentrieren. Aber weil meine Hunde von Anfang an gelernt haben, sich darum zu kümmern, wo ich bin, was ich gerade mache und wo ich gerade lang gehe, anstatt sich auf meine Stimme als Navi zu verlassen, klappen die Sichtzeichen inzwischen überall, auch unter größter Ablenkung.

Der Hund selbst setzt seine Stimme nur aus einer bestimmten Emotionslage heraus ein: Seine Stimme betont nur das, was seine Körperhaltung bereits vermittelt. Wenn der Hund seine Stimme einsetzt, ist er sehr aufgeregt – er verteidigt etwas, es wird endlich spazieren gegangen, es kommt jemand, der angekündigt werden muss, es geht ein Feind vorbei, man freut sich –, oder er knurrt, fiept etc.

Das bedeutet also: Wenn wir viel auf unsere Hunde einbrabbeln, vermitteln wir ihnen, dass wir uns in einer relativ aufgeregten Stimmung befinden. Probieren Sie es aus – Sie werden einen deutlichen Unterschied erkennen, wenn der Spaziergang ganz ruhig ist. – Ihr Hund kann übrigens genau unterscheiden, ob Sie sich mit jemandem unterhalten oder andauernd versuchen, mit ihm Kontakt aufzunehmen: Das versetzt Ihren Hund eher in Anspannung, weil Sie wenig souverän wirken. Es ist – auch für Menschen – sehr anstrengend, andauernd Anweisungen zu bekommen: Da schließen sich die Ohren dann schon mal luftdicht, damit man mal zu seinen eigenen Gedanken kommen kann.

Sie wollen keinen Kommando-Empfänger, sondern einen selbstständig denkenden Mitarbeiter.

»Zu mir!« mit Abklatschen: Der Hund berührt die angebotene Handfläche beim Zurückkommen.

Ein guter Schachspieler ist seinem Gegenüber immer zwei Schachzüge voraus. Überlegen Sie sich Ihren nächsten Zug gut: Agieren Sie in der Kommandogebung, anstatt nur zu reagieren.

NÜTZLICHES ZU DEN TRAININGSWERKZEUGEN

STIMMLAGE

Die Stimme ist ein wichtiges Werkzeug im Hundetraining. Grundsätzlich setzen wir eine hohe, fröhliche Stimme für Lob ein (nicht quietschen!), dazu langgezogene Vokale – wobei »braaaaav« mit tiefer Stimme wie ein Knurren wirken kann, lieber »priiiiiiima« oder »feiiiiin gemacht«. Mit tiefer Stimme und kurzen, knappen Worten werden Grenzen gesetzt – ähnlich wie ein Knurren: »Lass das!«, »Stop!« oder »Oh, oh!«. In Bayern lobt man ja gerne mal mit tiefer, brummeliger Stimme »braaaaaav, g'scheiter Bursche!« – nicht sehr sinnvoll. Da kann man dem Hund genauso gut einen Schlüssel hinterherwerfen.
Die Stimme ist sehr häufig ein Spiegel unserer Stimmung – wenn Sie also Ihren Hund hochputschen möchten, brauchen Sie nur die entsprechende Stimmlage zu nutzen; wenn Sie dagegen absolute Ruhe möchten, setzen

Sie eine leise, entspannte Stimmlage ein. Flüstern dagegen baut wieder eher Spannung auf.

KOMMANDOS GEBEN

Viele Menschen sind ungeheuer kreativ in ihrer Kommandogebung – da heißt es: »Komm her!«, »Komm mal!« »Hierher!« »Hiiiiiiiiiier!«, »Lucy, hier!«, »Komm jetzt hierher, zum Donnerwetter!« – und gemeint ist dabei immer dasselbe: Der Hund soll kommen. Viele Leute sind auch sehr stolz darauf, dass ihr Hund sich setzt, obwohl sie andauernd verschiedene Worte für das Kommando verwenden: »Setz dich mal hin«, »Hinsetzen«, »Mach mal Sitz!«, »Sitz, komm! Mach doch mal Sitz! Hinsetzen, sag ich!« – aber in Wirklichkeit ist es nicht fair, den Hund immerzu raten zu lassen, was wir eigentlich von ihm wollen. Das Mindeste ist dabei doch, dem Hund klar und deutlich zu sagen, was er tun soll.

SCHACHSPIEL

Schach ist das älteste Spiel, das es gibt. Seit über zweieinhalb Tausend Jahren haben sich die Regeln nicht geändert und sind überall auf der Welt gleich.

Bei jedem anderen Spiel wurden die Regeln im Laufe der Zeit immer wieder angepasst und verändert – beim Poker, bei Würfelspielen, bei Schafkopf. Aber Schach kann man weltweit spielen, ohne dass man überhaupt die gleiche Sprache sprechen muss. Eine der wichtigsten Regeln ist, dass man zum Zug verpflichtet ist, sobald man eine Figur auch nur angefasst hat – egal, ob einem vor dem Zug noch einfällt, dass man statt des Springers lieber den Turm bewegen möchte. Genau so ist es bei den Kommandos, die Sie geben: Wenn man einmal »weiter« gesagt hat, zieht man es durch, komme, was wolle. Wenn Sie »zu mir!« gesagt haben, muss der Hund spätestens beim dritten Mal kommen, solange keine unüberwindbaren Hindernisse zwischen Ihnen liegen, wie reißende Flüsse, Gletscher oder Abgründe. Wenn Ihr Hund nicht kommt, bleiben Sie bei dem Kommando, das Sie zuerst gegeben haben. Versuchen Sie es nicht mit einer Alternative: Das verwirrt Ihren Hund nur, und wenn Sie ihm drei verschiedene Kommandos für die gleiche Sache geben, in der Hoffnung, irgendwas davon wird schon helfen, treten Sie damit alle drei Kommandos in die Tonne. Ihr Hund lernt nur, dass er bei allen drei Kommandos nicht kommen muss. Das Risiko können Sie nicht eingehen.
Also: Spielen Sie doch einfach einmal eine Partie Schach mit Ihrem Hund. Zug um Zug.

Zu einem guten Trainingsaufbau und einer guten Führung gehören klare Kommandos. Es macht einen sonst halb wahnsinnig, wenn man auf einer Fernbedienung immer raten muss, wo eigentlich die wichtigen Programme sind – darum hat man auf 1 eben immer ARD, auf 7 immer Pro7 und auf 2 ZDF (bei den ganzen Dritten, Arte und EinsPlus wird's dann schon schwieriger), die ändern sich auch nicht. Für eine bestimmte Handlung geben wir ein bestimmtes Kommando und bleiben dabei. Punkt. Das sollte eigentlich nicht so schwer sein, ist es aber: Die meisten Leute bemerken gar nicht, dass sie fürs »Kommen« ungefähr neun verschiedene Begriffe einsetzen (gute Übung: Selbstwahrnehmung vs. Wirklichkeit! Achten Sie beim nächsten Spaziergang ganz genau darauf, was Sie *glauben*, was Sie tun/rufen, und was Sie *tatsächlich* tun/rufen).

> **»Wir merken oft gar nicht, dass wir für ein Kommando neun verschiedene Begriffe einsetzen. Dabei sind Fremdsprachen doch so schon schwer genug.«**

Suchen Sie also ein Wort, das im Alltäglichen nicht überstrapaziert wird: Das Wort »Komm« sollte man einfach lassen, weil man es andauernd verwendet: »Komm, wir machen was zu essen«, »Komm, wir gehen spazieren«, »Komm, wir schauen mal da drüben«, »Komm, mach mal Sitz!«. Besser wäre hierfür also z. B. »Zu mir!«. Dazu muss grundsätzlich der Name des Hundes vor dem Kommando genannt werden, damit er sich direkt angesprochen fühlt, also »Fifi, zu mir!«. Im richtigen Leben bestehen einfach immer unendlich viel mehr Ablenkungen als auf dem Hundeplatz. Stellen Sie sich vor, *Sie* könnten eine frische Hasenspur von vor zehn Minuten riechen, dazu die zwei Rehe von gestern und ein Wildschwein von heute Nacht, und dazu hören Sie eine verdächtige Krähe irgendwo – Sie würden ganz sicher auch das eine oder andere überhören. Wenn Sie sich allerdings direkt angesprochen fühlen, ist die Chance größer, dass Sie kommen werden.

Wenn Sie Ihren Hund rufen und er kommt so auf Sie zugerannt, haben Sie alles richtig gemacht.

Machen Sie es Ihrem Hund leicht, Ihnen zu folgen, und geben Sie klare Kommandos.

Ein andere, beliebte Angewohnheit des Menschen ist es, den Hund immer nur beim Namen zu rufen: »Fifi! Fifi! FIFI! Ich habe doch gesagt, KOMM, FIFI!« – Nö. Das haben Sie zwar *gemeint*, aber nicht gesagt. Der Name allein heißt noch gar nichts, außer, *wen* Sie gerade ansprechen. Einfach nur »Fifi« reicht nicht – Fifi, was denn? Fifi, mach Salto? Fifi, sitz? – Hunde, die oft auf diese Weise gerufen werden, werden sehr gut im Überhören, weil sie wissen: Frauchen kann zwar meinen Namen unheimlich gut, aber sie hat keinen Schimmer, was sie eigentlich will. Bis die sich entschieden hat, was ich tun soll, dauert's noch.

Wir haben uns lange überlegt, woher dieses Phänomen eigentlich kommt, und dabei festgestellt: Kinder rufen ihre Mutter auch immer, um auf diese Weise festzustellen, ob sie überhaupt in der Nähe ist. Normalerweise klappt das auch immer: »Maaaaaama!«, ruft Junior aus dem Kinderzimmer. »Ja, Schatz?«, ruft die Mutter aus dem Arbeitszimmer. »Mama, wo ist mein Flammenschwert?«, kommt erst dann. Außer, das Kind will, dass die Mutter kommt, dann ruft es einfach weiter »Maaaaaama!« – sie kommt dann schon irgendwann. Und diese »Kommunikationsfalle« nehmen wir Menschen mit in die Hundeerziehung.
Hunde machen bei so etwas nur allerdings nicht lange mit. Sie sind nämlich viel präziser als Menschen (wir können wirklich froh sein, dass sie nicht das Finanzamt führen).
Hunde sind sogar so präzise, dass der Hund auch ohne direkten Blickkontakt zu Ihnen folgen kann. Er hört Sie nämlich nicht mit den Augen, sondern mit den Ohren. Also ist es völlig egal, ob Ihr Hund Sie erst anschaut, wenn Sie sagen: »Fifi, weiter!«
Denken Sie daran, dass Ihr Hund nur dann *sofort* eine Anweisung ausführen kann, wenn Sie ihm *sofort* sagen, was er tun soll.

EINSATZ DER KÖRPERSPRACHE

Grundsätzlich geben Hunde unserer Körpersprache viel mehr Gewicht als unseren Worten. Das ist insofern manchmal schwierig, weil wir Menschen unsere Körpersprache völlig missachten und oft mit Worten das eine sagen, körpersprachlich aber das andere ausdrücken – Ihr Hund wird sich aber *immer* zuerst an Ihrer Körpersprache orientieren. Daher ist es von größter Wichtigkeit, zu wissen, wie der Hund unsere Körpersprache versteht und wie wir sie am besten einsetzen, um dem Hund Klarheit und Sicherheit bei den Kommandos zu vermitteln – und auch wortlos mit ihm kommunizieren zu können.

Der Einsatz von Futter im Training ist eine gute Möglichkeit, den Hund zu motivieren – aber dieser Einsatz sollte gut durchdacht sein.

DER EINSATZ VON FUTTER ALS BELOHNUNG

Wir bauen tatsächlich nur wenige Übungen mit Futter auf. Dazu gehören das Herankommen mit Kontaktaufnahme (siehe S. 118), der Rückpfiff für den Notfall (siehe S. 148) und »Hinter mir!« (siehe S. 130). Alle anderen Kommandos werden *ohne* Futter oder Keks aufgebaut.
Nehmen wir an, wir bauen das Herankommen mit Kontaktaufnahme auf. Dazu halten wir in der ersten Zeit das Leckerchen immer in der Hand, bevor ich rufe, denn er soll ja kommen und die Hand berühren. In den ersten zehn Tagen, solange er das Kommando noch nicht kennt, bekommt er immer den Keks, wenn er zur Hand kommt, damit sich ihm

einprägt, dass er die Hand berühren muss beim Kommen. Sobald das gut klappt, soll er zur leeren Hand herankommen, und sobald er die Hand berührt, greifen wir in die Tasche und er bekommt den Keks – so muss er noch ein bisschen warten, bis die Belohnung kommt. Danach wird der Keks nur noch eingesetzt wie das goldene Sternchen in der Schule: Eine Belohnung gibt es nur noch für hervorragende Leistungen. Kommt er beim ersten Rufen sofort angerast, lassen wir ihn die Hand berühren, greifen in die Tasche und geben ihm den Keks. Kommt er erst beim zweiten Mal, lobe ich ihn, aber er bekommt kein Futter. Wenn ich weiß, dass er die Übung in Wirklichkeit beherrscht, dann gibt's keine Belohnung. Ich zahle auch nicht für eine kalte Pizza, sonst kommt der Pizzabote noch auf die Idee, bei uns müsste er sich nicht so beeilen, und erledigt erst die anderen Lieferungen, bevor er zu mir kommt, weil mir eine heiße Pizza offenbar nicht so wichtig ist.

Wenn Sie merken, Ihr Hund macht die Übung richtig gut, fangen Sie mit intermittierender Belohnung an: Bei jedem vierten, fünften, oder neunten Mal bekommt er einen Keks, ohne dass er das voraussehen kann: Die Chance auf einen Keks bleibt also bestehen. Es ist wie bei einem Spiel-Automat: Der Reiz dieser Apparate ist deshalb so hoch, weil die großen Erfolge sich nur selten einstellen. Eine Belohnung wird also eingesetzt, um das herauszufiltern, was man in Zukunft von seinem Hund gezeigt bekommen möchte.

NOTIZ AM RANDE

Belohnungen sollen etwas Besonderes sein. Wenn Sie Ihrem Kind jedes Mal, wenn Sie von draußen hereinkommen, ein Geschenk mitbringen, dann wird Weihnachten egal.

DIE SACHE MIT DEM FUTTER

Zum Training mit Futterbelohnung gibt es die unterschiedlichsten Meinungen. Die Belohnung ist aber meine Wunderwaffe.

Eine Futterbelohnung ist keine Bestechung. Futter ist ein Werkzeug, um planvoll gewisse Handlungen oder Verhaltensweisen aufzubauen – sonst nichts. Sie ist kein *Muss* auf dem Spaziergang. Wenn der Hund ein Kommando ohne Keks nicht ausführt, dann hat er Sie erzogen, nicht umgekehrt.

Darum sollte man die Futterbelohnung im Laufe der Zeit bewusst abbauen – aber keine Angst, Sie müssen nicht überstreng sein, wenn alles klappt. Ihnen fällt auch kein Zacken aus der Krone, wenn Ihr Hund mal eine Belohnung bekommt. Das macht Ihrem Hund nämlich auch Spaß.

ÜBUNG: »ZU MIR« – HERANKOMMEN MIT »ABKLATSCHEN«

Ziel der Übung ist es, dass Ihr Hund auf Rufen und Körpersprache zügig und direkt zu uns kommt und unsere Hand berührt.

»Zu mir!« ist ein Heranrufen, ohne den Hund dabei vorsitzen zu lassen. Das verlangen wir deshalb nicht, weil dieses »Zu mir!« ein Alltags- und Outdoor-Kommando ist, das auch an abfallenden Hängen oder bei Eis, Schnee und strömendem Regen klappen soll – und wir nicht wollen, dass der Hund sich das Herankommen zweimal überlegt, weil er seinen hübschen kleinen Hintern nicht nass machen oder auf glühendem Asphalt versengen möchte.
Um von vorneherein die eigene Körpersprache richtig aufzubauen, bauen wir die Übung anfangs nur körpersprachlich auf und fügen das verbale Signal erst anschließend hinzu.
Das stärkt Ihr Vertrauen und gibt Ihnen ein Gefühl dafür, wie leicht Hunde allein über eine klare Körpersprache zu führen sind.

Übung aufbauen

Stellen Sie sich in die Nähe Ihres Hundes. Legen Sie einen Keks in Ihre Handfläche und lassen Sie Ihre Hand seitlich fallen. Sobald Ihr Hund zu Ihnen oder sogar auf Ihre Hand schaut, winken Sie leicht mit Ihrer Handfläche, so, wie man ein Kind zu sich winken würde, gehen Sie dabei gleichzeitig ein, zwei Schritte rückwärts. Sehen Sie dabei immer vom Hund zu

Legen Sie einen Keks in Ihre Handfläche und lassen Sie Ihre Hand fallen.

Bei Blickkontakt winken Sie mit der Handfläche und gehen zwei Schritte rückwärts.

Ihrer Hand und wieder zurück zum Hund. Wenn der Hund daraufhin näher kommt, darf er sich den Keks aus Ihrer Hand nehmen, und die Übung ist beendet. Wiederholen Sie diese Übung drei oder vier Mal, wenn der Hund in Ihrer unmittelbaren Nähe steht.
Sobald das gut klappt, gehen Sie ein bisschen weiter spazieren und lassen den Hund ruhig etwa fünf bis zehn Meter vorlaufen. Bleiben Sie stehen, bewaffnen Sie sich mit einem Keks in der Hand und warten Sie ruhig ab, bis der Hund zufällig in Ihre Richtung schaut. Dann winken Sie mit Ihrer Hand, gehen wieder ein, zwei Schritte rückwärts und schauen abwechselnd vom Hund zur Hand, von der Hand zum Hund ... So, wie ein Hund von Ihnen zum Ball und vom Ball zu Ihnen sieht, wenn er Ihnen deutlich machen möchte, dass Sie das Ding werfen sollen.
Wiederholen Sie diese Übung ein paar Mal während des Spaziergangs und auch dann, wenn der Hund etwas weiter entfernt ist. Machen Sie es dem Hund die ersten Male auch leicht, alles richtig zu machen, indem Sie ohne starke Ablenkung üben, um auf diese Weise lauter fabelhafte Erfolgserlebnisse für Ihren Hund zu provozieren.
Wichtig: Üben Sie »Zu mir« auch zwischendurch und in Situationen, in denen er gerne kommt: So schaffen Sie für Ihren Hund die *Gewohnheit*, Ihnen zu folgen, wenn Sie ihn um etwas bitten. Sicher und zuverlässig können Sie ein Kommando nur aufbauen, wenn Sie es zuerst ohne Ablenkung und anschließend mit steigender, milder Ablenkung aufbauen und schließlich unter starken Ablenkungsreizen.

Schauen Sie immer abwechselnd von Ihrer Hand zum Hund und wieder zu Ihrer Hand.

Sobald Ihr Hund bei Ihnen angekommen ist, darf er sich den Keks aus Ihrer Hand nehmen.

Die Handbewegung machen wir deshalb, weil Hunde Bewegungen rein optisch viel eher wahrnehmen und sie viel spannender ist als stillstehende Objekte. Außerdem ist die winkende Hand für den Hund die Zielvorgabe: Er weiß schon auf Entfernung, dass er nicht nur in unsere Nähe kommen soll, sondern immer bis zu unserer Hand – was sehr wichtig und praktisch ist, falls man ihn mal anleinen oder festhalten muss. Das bedeutet natürlich, dass Sie Ihrem Hund ab jetzt bei diesem Kommando immer eine Hand anbieten müssen, bis er sie berührt hat: Ein Kommando ist eine Absprache zwischen Mensch und Hund. Beide Seiten müssen sich an die vereinbarten Regeln halten. Vergessen Sie Ihre Hand irgendwann, kann Ihr Hund nicht richtig mitarbeiten. Manche Hunde lassen sich dadurch so verunsichern, dass sie nicht mehr zuverlässig kommen.

Der Schritt rückwärts signalisiert Ihrem Hund, dass Sie ihm Platz machen und dazu einladen, zu Ihnen zu kommen. Wenn Sie zu Hause einen Besucher zur Tür hereinlassen möchten, gehen Sie auch einen Schritt zurück und machen den Weg zum Eintreten frei. Bleiben Sie dagegen im Türrahmen stehen, blockieren Sie den Weg ins Haus.

Der Blick vom Hund zur Hand und zurück wird von Hunden auch eingesetzt, wenn sie etwas wollen: Wenn Sie ein Käsebrot essen und Ihr Hund Sie anbettelt (was unsere Hunde natürlich niemals täten!) oder möchte, dass Sie ihm einen Stock werfen.

Wenn wir vom Hund zur Hand und wieder zurück zum Hund sehen, signalisieren wir ihm damit, dass er zu unserer Hand kommen soll. Gleichzeitig vermeiden wir damit das »Anstarren«. Setzen Sie alle drei Signale synchron ein, sobald der Hund zu Ihnen schaut, wird Ihr Hund sofort verstehen, was Sie von ihm wollen. Zögert Ihr Hund, zu kommen, überprüfen Sie kurz ihre Körpersprache und verbessern sich.

FALLGESCHICHTE AUS INGAS LEBEN

Im Training bei Welpen und Junghunden kann ich oft beobachten, wie der Besitzer dem jungen Hund signalisiert, zu kommen. Dabei winkt er mit der Hand und schaut kurz vom Hund zur Hand und zurück, bleibt aber still stehen. Der Welpe beobachtet den Besitzer und bleibt entweder auch stehen oder bewegt sich sehr zögerlich in seine Richtung. Sobald der Hundebesitzer aber einen Schritt rückwärts geht, verfällt der Hund vom Schritt oder Stillstand unmittelbar in den Galopp und kommt auf direktem Weg zum Menschen. Es ist immer wieder erstaunlich, was eine kleine Geste an Reaktion auslösen kann.

Ohne Hörzeichen wie Stimme oder Pfiff arbeiten wir anfangs deshalb, damit Sie sich erstens daran gewöhnen, weniger mit Ihrem Hund zu sprechen, zum anderen fördern wir dadurch die Aufmerksamkeit des Hundes uns gegenüber. Wenn wir ihn nämlich wortlos auffordern, zu kommen, wenn er gerade schaut, wird er in Zukunft öfter mal zu uns sehen, ob er mal wieder kommen soll.

An der Leine können Sie »Zu mir!« genauso aufbauen, allerdings immer ohne Zug an der Leine. Stattdessen soll sie locker durchhängen. Hangeln Sie sich an den Hund heran, damit Sie genügend Leine in der Hand haben, um ein oder zwei Schritte rückwärts zu machen, damit der Hund auch herankommen kann.

Die Belohnung bekommt er bereits mit dem Keks, den wir ihm aus der Hand anbieten. Er wird also nicht auch noch zusätzlich gelobt oder gestreichelt. Die meisten Hunde wollen beim Fressen aber *nicht* gestreichelt werden und ducken ihren Kopf weg. Die gut gemeinte Belohnung wäre in diesem Fall für den Hund also gar keine Belohnung.

FALLGESCHICHTE AUS INGAS LEBEN

Ein wunderbarer Podenco Andaluz namens »Bali« kam ins Training, weil er sich im Freilauf nicht mehr anleinen ließ, wenn er von seinem Frauchen gerufen wurde. Er reagierte zwar jedes Mal sofort, rannte aber immer direkt an ihr vorbei, wie ein roter Blitz. Daraufhin ließ ich Balis Frauchen meinen eigenen Hund Birdy heranrufen. Birdy kam gleich zu ihr, nahm das Leckerchen aus ihrer Hand – und erschrak fürchterlich über das überschwängliche Gelobe und Geknuddel, mit dem sie förmlich überfallen wurde. Birdy duckte ihren Kopf nach unten und flüchtete, so schnell sie konnte. Als ich Balis Frauchen fragte, warum sie den Hund so stark abliebeln würde, meinte sie, das habe die letzte Hundetrainerin ihr so gesagt. Nun war der Grund für Balis Verhalten klar: Er wollte zwar zu Frauchen kommen, aber gleichzeitig den Liebes-Überfall auf seinem Kopf vermeiden – daher der gestreckte Galopp um sie herum.

Mit einem Trick bekamen wir Bali wieder an die Leine. Anschließend bauten wir das Kommandos noch einmal neu auf: Frauchen bekam die strikte Anweisung, Bali beim Herankommen nie wieder zu streicheln. Als der Hund merkte, dass bei dem neuen Kommandowort mit dem neuen Handzeichen keine Streichelattacken von Frauchen zu befürchten waren, war das Problem gelöst.

Hinzufügen eines verbalen Signals

Wenn Sie Ihren Hund bisher mit wenig oder ganz ohne Erfolg mit »Hiiiieeer« oder »Komm!« gerufen haben, sollten Sie sich ein ganz neues Wort ausdenken: Es ist immer einfacher, etwas neu aufzubauen, als etwas Altes zu restaurieren.

»Komm!« oder »Hier!« werden im normalen Alltag meistens sehr stark überstrapaziert: »Komm, schau dir das mal an!«, oder »los, komm, wir gehen jetzt«, »Komm, setz dich mal hier hin!« … Sie wissen, was wir meinen. Das nutzt sich selbst beim folgsamen Hund ab.

Eine gute Alternative ist der jeweilige Name Ihres Hundes plus »Zu mir!«. Falls Sie also das Herankommen mit »Zu mir« aufbauen möchten, warten Sie, bis Sie Blickkontakt mit Ihrem Hund haben, setzen Sie Ihre Körpersprache zum Heranrufen ein und sagen Sie »Bello, zu mir«, kurz bevor der Hund bei Ihrer Hand angekommen ist. So üben Sie am besten die nächsten zwei Tage weiter, bis Sie sicher sind, dass Ihr Hund das Wort mit der erwünschten Handlung ausreichend verknüpft hat.

Ab dem dritten Tag setzen Sie das Kommandowort genau dann ein, wenn Ihr Hund noch keinen Blickkontakt zu Ihnen aufgenommen hat. Ab jetzt kombinieren Sie Körpersprache mit Handzeichen – wobei es eine gute Übung ist, die Stimme immer wieder mal wegzulassen.

Manchen Hunden tut es sehr gut, wenn sie mit freundlichen Worten bestätigt werden, sobald sie beim Rufen auf uns zukommen. Das gibt ihnen noch mal die Bestätigung, alles gut und richtig gemacht zu haben. Wir Menschen hören das ja auch immer wieder gern und nie oft genug.

Keksbelohnungen ausschleichen

Anfangs halten wir ca. 14 Tage lang immer bereits einen Keks in der Hand, bevor der Hund gerufen wird. So ist es sicher, dass der Hund direkt an der Hand die Belohnung bekommt und gleichzeitig lernt, immer ganz bis zur Hand heranzukommen.

Danach wird der Hund stets mit leerer Hand herangerufen. Sobald der Hund die leere Hand berührt hat, greifen Sie ohne Eile in die Tasche und geben dem Hund seinen Keks.

Wichtig: Dies ist ein Herankommen ohne Vorsitzen. Verlangen Sie von Ihrem Hund direkt nach dem Herankommen also kein »Sitz«, um ihm einen Keks zu geben: Ändern Sie nicht mittendrin die Spielregeln, um Ihren Hund nicht zu verunsichern oder zu demotivieren. Umso klarer Sie in Ihren Wünschen sind, umso schneller wird der Hund begreifen.

Nach ca. ein bis zwei Wochen setzen Sie die Kekse nur noch ein, um seine Leistung bzw. seine Zuverlässigkeit anzufeuern. Fangen Sie nun an, ihrem Hund nur immer dann einen Keks zu geben, wenn er *sofort* auf Ihr Rufen gekommen ist. Kommt er erst beim zweiten oder dritten Rufen, so muss er zwar die Hand »abklatschen« und wird auch stimmlich gelobt, aber einen Keks gibt's nicht. Ab jetzt gibt es Kekse nur noch für hervorragende Leistungen!
Wenn Sie feststellen, dass das Herankommen immer zuverlässiger und schneller klappt, können Sie ihm immer mal einen Keks anbieten, sodass sich ihm immer die Chance von 1 : 5 bietet, bei Ihnen etwas abzustauben. So ist er von Mal zu Mal motivierter, zügig zu kommen – es könnte ja eine wunderbare Überraschung geben.

Leckerchen sollten im Training nur als zeitweises Werkzeug dienen. Machen Sie es sich zum Ziel, die Kekse im Training systematisch abzubauen, damit weder der Hund noch Sie von diesem Hilfsmittel abhängig werden.

WARTEN SIE AUF DEN RICHTIGEN MOMENT, UM DEN HUND ZU RUFEN

Einen Hund, bei dem ein bestimmtes Kommando noch nicht 100-prozentig aufgebaut wurde, muss man bei starker Ablenkung sehr genau beobachten, um einen günstigen Moment zu finden, in dem man ihn ansprechen kann. Sie kennen das: Sie wollen jemanden ganz, ganz dringend etwas fragen, der ist aber in ein Gespräch vertieft – weil Sie gut erzogen sind, stellen Sie sich daneben und warten eine Gesprächspause ab, um schnell Ihre Frage einzuwerfen. So ähnlich muss man das bei seinem Hund auch machen: Wenn er gerade mit einem anderen Hund spielt, warte ich ab, bis er sich abwendet, beide Hunde mal eben an etwas schnüffeln oder sowieso anfangen, sich zu langweilen – und wirklich erst *dann* rufe ich ihn zu mir.
Wenn der Hund dann nur sehr zögerlich kommt, liegt es vielleicht daran, dass er den anderen Hund nicht durch schnelles Auf-mich-Zurennen dazu verleiten möchte, ihn zu jagen. Warten Sie also einfach ab; Ihr Hund beweist einfach gutes Sozialverhalten. Die allermeisten Hunde werden immer eher ein menschliches Kommando missachten, um einen Konflikt unter Hunden friedlich zu regeln.

Wenn Ihr Hund so wild tobt, dass er überhaupt nichts mehr wahrnimmt und Sie gar keine Gelegenheit haben, irgendwo ein Kommando zu »platzieren«, dann müssen Sie das Spiel stoppen. Anschließend gehen Sie zu Ihrem Hund und leinen ihn an. Fertig.

Laut raschelndes Laub kann dazu führen, dass Ihr Hund Ihr Rufen im ersten Moment nicht wahrnimmt.

GRÜNDE, WARUM EIN HUND NICHT KOMMT ODER ZÖGERT, WENN MAN IHN RUFT

Es gibt aus Sicht des Hundes immer durchaus relevante Gründe, warum er nicht kommt oder nur sehr zögerlich, wenn man ihn gerufen hat. Es ist wichtig und respektvoll, diese Gründe zu überprüfen, bevor man ihm »aktiven Ungehorsam« vorwirft, denn manchmal kann der Hund schlicht nichts dafür. Hier zählen wir Ihnen ein paar der Gründe auf, die uns unsere Hunde im Laufe der Zeit vorgemacht haben. Und auch, wenn wir uns wahrscheinlich alle bei Punkt 22 wieder treffen, sagt Ihnen Ihr Hund möglicherweise noch andere – beobachten Sie ihn also aufmerksam.

1. Der Hund kennt das Kommando nicht.
2. Die Körpersprache des Menschen verheißt nichts Gutes (steife, angespannte Haltung, Stillstand).
3. Die Stimme bzw. die Stimmung ist bedrohlich (der Mensch ist sauer).
4. Die einladende Körpersprache und das dazugehörige Handzeichen fehlen.
5. Der Hund hat gar nicht mitbekommen, dass wir ihn rufen (evtl. laute Nebengeräusche – schlappohriger Hund rennt durchs Laub, ein lauter Fluss oder Bach –, oder er ist zu weit weg).
6. Der Name des Hundes vor dem Kommandowort hat gefehlt.
7. Der Hund wurde nur mit seinem Namen gerufen, das Kommandowort hat gefehlt.
8. Inkonsequenter Umgang mit Kommandosignalen: Es werden immer wieder wechselnde Kommandos für das Herankommen genutzt (Komm! Hier! Komm mal! Komm jetzt hierher! usw.) – ein Durcheinander!
9. Ungünstige Wahl des Kommandowortes (»Komm!« wird meistens überstrapaziert: Komm, mach mal Sitz! Komm, wir gehen! etc.).
10. Der Hund hat sich angewöhnt, bei dieser Person nicht zu reagieren.
11. Der Hund hat gelernt, dass es keine Konsequenzen gibt, wenn er nicht kommt.
12. Der Besitzer hat ihn zu oft gerufen, ohne dass von dem Hund verlangt wurde, wirklich ganz heranzukommen.

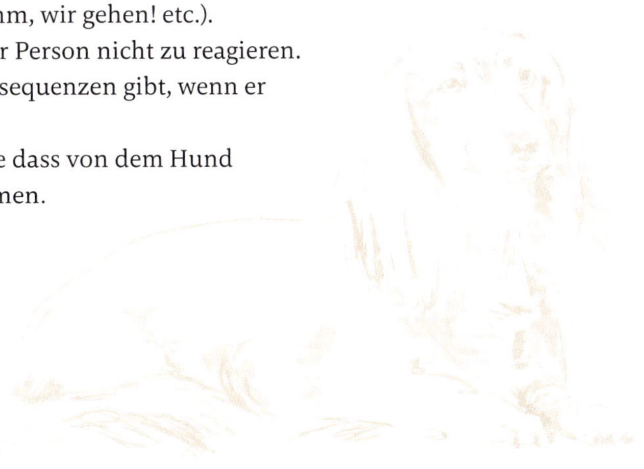

13. Der Hund wurde an diesem Tag schon viel zu oft gerufen.
14. Der Hund hat Angst oder ist der rufenden Person gegenüber unsicher.
15. Der Hund ist aus einem anderen Grund plötzlich ängstlich oder panisch (hinter Ihnen steht ein Löwe, irgendwo hat ein Auspuff geknallt, ein »feindlicher« Hund schiebt sich zwischen Sie und Ihren Hund).
16. Um zu kommen, müsste der Hund an etwas vorbei, was ihn verunsichert oder ihm Angst macht.
17. Die allgemeine Ablenkung ist sehr stark, und der Hund hat noch nicht gelernt, unter Ablenkung zu kommen.
18. Der Hund *kann* nicht kommen, weil er von einem anderen Hund fixiert wird, oder er weiß, dass er von einem anderen Hund belästigt wird, wenn er schnell herankommt (die wartende Hundegruppe wird ihn mobben, wenn er jetzt kommt).
19. Der Hund wird gerade von einem anderen Hund aktiv belagert durch Spannung oder wildes Spiel.
20. Der Hund wird von zwei Personen gleichzeitig gerufen.
21. Der Hund hat schlechte Erfahrungen gemacht mit dem Kommen (er wurde anschließend bestraft, angeschnauzt oder grundsätzlich angeleint).
22. Der Hund hat gerade keine Lust.
23. Falsche Motivation – beim Aufbau haben die Kekse nicht gestimmt.
24. Der Besitzer hält in der Kommando-gebenden Hand eine qualmende Zigarette.
25. Der Augenkontakt vom Besitzer zum Hund wird durch die Sonnenbrille des Besitzers beeinträchtigt.
26. Der Hundebesitzer quatscht ständig auf den Hund ein, der Hund ist »muttertaub«.
27. Die innere Haltung des Hundeführers stimmt nicht mit dem Kommando überein (»Ach, der kommt jetzt sowieso nicht«, denkt der, obwohl er ihn ruft).
28. Allgemein fehlende Führung durch den Besitzer.
29. Bevor der Hund ganz herangekommen ist, hat die rufende Person ihre Konzentration fallen lassen.
30. Der Hund will nicht herankommen, weil er nicht angeleint werden möchte.
31. Der Hund hat gelernt, dass er immer dann gerufen wird, wenn irgendein super Reiz in der Nähe ist – Wild, Grillabfälle, bestimmte andere Hunde, Rüden. Deshalb bleibt der Hund erst einmal stehen und schaut sich um, woran es liegen kann, dass er gerufen wird.

32. Der Hund will nicht ins Auto steigen (Reisekrankheit? Anderer Hund sitzt da schon und fixiert ihn?).
33. Der Hund wird von der Sonne geblendet.
34. Der Hund hat vielleicht die Erfahrung gemacht, dass er beim Anleinen immer den Karabiner der Hundeleine gegen den Kopf bekommt, weil die Leine um den Kopf des Besitzers hängt.
35. Der Hund wird von jemandem festgehalten.
36. Der Hund wird gerade von jemand anderem gefüttert oder bespielt.
37. Der Hund hängt mit Halsband oder Leine irgendwo fest.
38. Der Hund hat noch gar nicht gelernt, auch auf weite Distanzen wieder heranzukommen.
39. Der Hund ist verletzt oder gestochen worden.
40. Der Hund hört schlecht/ist taub und kann deshalb keine Hörzeichen wahrnehmen.
41. Der Hund hat die Orientierung verloren.
42. Der Hund kann aus hormonellen Gründen nicht kommen (bei Hündinnen Läufigkeit, bei Rüden heiße Hündinnen).
43. Der Hund muss erst einmal seine Grundbedürfnisse erfüllen (sich lösen oder trinken).
44. Der Hund ist zu erschöpft, um zu kommen.
45. Der Hund möchte nicht direkt auf eine Gruppe von mehreren Hunden und/oder Menschen zukommen.
46. Der Hund vermeidet es, ganz heranzukommen, weil er die Liebesausbrüche seines Besitzers meiden möchte.

Wenn der Rückruf mal nicht funktioniert, versuchen Sie, die Situation aus der Sicht Ihres Hundes zu sehen. Erkennen Sie seine Gründe, ändern Sie die Umstände und machen Sie es Ihrem Hund möglich, zu kommen.

ÜBUNG »HINTER MIR!«

Ziel der Übung ist es, dass der Hund auf unsere Anweisung hin so lange hinter uns hergeht, bis wir ihn aus der Übung entlassen.

Das »Hinter mir!« oder »Hinter!« ist ein fabelhaftes Alltags-Kommando, das, wenn es dem Hund ruhig und verständlich erklärt wurde, sehr angenehm und beruhigend auf alle Beteiligten wirkt. Es werden damit zwei wesentliche Ziele verfolgt: Zum einen können wir unseren Hund vorrübergehend beim Spaziergang »aufräumen«, ihm also einen Platz in unserer direkten Nähe zuweisen, den er kurzfristig einhalten soll. Das ist vor allem dann sehr hilfreich, wenn wir irgendwo vorbeigehen, wo gewöhnlich Wild steht, wir an einem frisch gejauchten gegüllten Feld entlanggehen müssen oder an einem Hof mit frei laufenden Hühnern vorbeikommen. Zum anderen soll der Hund durch das »Hinter mir!« auch innerlich zur Ruhe kommen, indem er jeglichen Arbeitsmodus ausschaltet und einen passiven Folge-Modus einschaltet.
Dieses Kommando wurde von den Führungs-Kommandos der Laufhundmeuten der Parfurcejagden abgeleitet. Diese Meuten bestehen aus 20 bis 40 Hunden. Zu Beginn der Jagd halten sich alle Hunde hinter dem Hundeführer auf, der seinerseits auf dem Pferd sitzt. Erst wenn der Jagdbeginn mit den Jagdhörnern angeblasen wird, dürfen die Hunde die frische Fuchsspur aufnehmen und vorausjagen. Die Reiter folgen der Meute, bis die Hunde die Beute gestellt haben. Wenn die Jagd beendet ist, ordnen sich die Hunde wieder hinter dem Hundeführer ein.
Indem Sie von Ihrem Hund verlangen, dass er hinter Ihnen laufen soll, signalisieren Sie ihm, dass es jetzt nichts für ihn zu tun gibt, er muss keine selbstständigen Entscheidungen treffen oder aktiv werden. Das »Hinter!« oder »Hinter mir!« bedeutet für den Hund eine Art Pause für seinen Außen-Fokus: Er muss jetzt nicht mehr nachdenken und aufpassen, dass er nichts verpasst, sondern darf einfach entspannt hinter uns herlaufen und abschalten.
Bevor Sie diese Übung mit Ihrem Hund aufbauen, sollten Sie überlegen, welches Handzeichen und welches Kommandowort Sie dafür einsetzen. Um die Übung in diesem Buch zu erklären, benutzen wir das Kommandowort »Hinter« mit dem Handzeichen einer offenen, flachen Hand, wobei die Handfläche mit den Fingerspitzen nach unten zum Hund zeigt. Verwenden Sie für den Aufbau am besten eher unspektakuläre Kekse, um den Hund nicht mit Pansentrüffeln oder Ähnlichem völlig aus dem Häuschen zu bringen.

Tipp: Achten Sie darauf, dass Ihr Hund beim »Hinter mir!« immer einen Abstand von ca. einem Meter einhält. Erlauben Sie Ihrem Hund bei dieser Übung, dass er immer dichter zu Ihnen aufholen darf, wird Ihr Hund bald versuchen, Sie ständig zu überholen – was das Gegenteil von Ruhe geben, nicht nachdenken und einfach passiv folgen wäre.
Wenn Ihr Hund sich genau hinter Ihnen befindet, geben Sie ihm das Handzeichen und gleichzeitig das Kommandowort »Hinter«. Drehen Sie sich mit dem Rücken zu ihm und warten Sie ca. fünf Sekunden ab, bevor Sie sich wieder ihm zuwenden und ihm einen Keks geben – ohne dass er den Abstand zu Ihnen aufholt (Sie dürfen durchaus einen halben Schritt auf ihn zumachen).
Wiederholen Sie diesen Übungsschritt vier bis fünf Mal, bis Ihr Hund sich schon fast langweilt.

Übung aufbauen
Üben Sie an einer ruhigen Stelle auf Ihrem Spaziergang. Nehmen Sie Ihren Hund an eine drei oder fünf Meter lange Leine. Bleiben Sie zuerst einmal stehen und warten Sie, bis Ihr Hund sich ruhig verhält.
Signalisieren Sie Ihrem Hund, dass er kurz innehalten soll, indem Sie ihn mit der Handfläche kurz stoppen. Daraufhin nehmen Sie beide Hände hinter Ihren Rücken mit der Leine, richten Ihren Blick vom Hund weg, am besten auf den Boden, drehen sich anschließend ruhig um und gehen einen Schritt nach vorne, sodass Ihr Hund nun mit einem knappen Meter hinter Ihnen still steht. Bitte befolgen Sie genau diese Reihenfolge. Würden Sie nämlich z. B. Ihren Hund ansehen, während Sie sich umdrehen, signalisieren Sie Ihrem Hund damit, Ihnen zu folgen – und er würde nicht mehr geduldig abwarten. Das Gleiche gilt für Ihre Hände. Hände vorne am Körper bedeuten für Ihren Hund: Da vorne gibt's Kekse. Halten Sie Ihre Hände stattdessen am Rücken, vermeiden Sie, Ihren Hund versehentlich nach vorne zu locken.
Tipp: Hunde lernen durch Verknüpfung. Geben Sie Ihrem Hund anfangs nur dann das Kommando »Hinter«, wenn er sich wirklich richtig hinter Ihnen befindet. Nur so kann er das Wort mit der richtigen Handlung verknüpfen. Geben Sie ihm das Kommando zu früh, provozieren Sie die Gefahr einer Fehlverknüpfung.

Kommando einführen
Bringen Sie sich nun in die bereits beschriebene Stellung und geben Sie Ihrem Hund das Kommando »Hinter«. Warten Sie fünf Sekunden ab und

Stoppen Sie Ihren Hund mit der Handfläche.

Nehmen Sie die Hände mit der Leine hinter den Rücken.

Wenden Sie den Blick ab und drehen sich ruhig weg.

Ein Schritt nach vorne, damit der Hund hinter Ihnen steht.

Geben Sie das Handzeichen und das Kommando »Hinter«.

Mit dem Rücken zum Hund warten Sie ca. fünf Sekunden ab.

Dann drehen Sie sich um und geben ihm einen Keks.

Wiederholen Sie 1–6 und gehen diesmal langsam nach vorne weg.

Jetzt soll Ihr Hund Ihnen langsam ein bis zwei Schritte folgen.

machen Sie dann ein paar langsame, gemütliche Schritte, sodass Ihr Hund Ihnen langsam im Abstand von ein oder zwei Schritten folgen kann. Drehen Sie sich nun zum Hund um, gehen Sie auf ihn zu und belohnen Sie ihn mit einem Keks. Auch diesen Schritt können Sie vier bis fünf Mal wiederholen, bis die Verknüpfung sitzt.

Kommando auflösen

Das »Auflösen«. Weil »Hinter mir!« oder »Hinter!« ein Kommando ist, das den Hund in seiner Bewegung einschränkt, muss es von uns Menschen wieder aufgelöst werden, d. h., der Hund muss offiziell aus der Übung entlassen werden. Wenn Sie ihm diese Entscheidung überlassen, wird Ihr Hund nie wissen, wie lange er hinter Ihnen gehen soll, oder wann er sich wieder frei bewegen darf. Das Auflösen muss immer von beiden Seiten eingehalten werden, sonst schleicht sich eine Ungenauigkeit ein, der Hund wird unzuverlässig – und die Übung leider sinnlos. Zum Auflösen bleiben Sie stehen und warten wieder ein paar Sekunden. Dann drehen Sie sich zu Ihrem Hund um, heben Ihre Hand mit einem Keks auf Ihre Augenhöhe und sagen zu Ihrem Hund: »Pass auf«, sodass er zu Ihnen aufsieht. Anschließend geben Sie ihn frei, indem Sie einen Schritt zurücksetzen, eine Winkbewegung mit der Hand machen und ihn mit einem Wort wie beispielsweise »frei« freigeben – jetzt darf er auch den Keks haben.

Korrekturen:
Es können immer wieder mal drei Situationen vorkommen, in denen Ihr Hund korrigiert werden sollte, falls ihn die Ungeduld übermannt:

- Wenn der Hund hinter Ihnen steht und losmarschiert, bevor Sie selbst losgegangen sind.
- Wenn der Hund während der Übung den Abstand von einem Meter unterschreitet oder vom Schritttempo in den Trab verfällt.
- Wenn der Hund weiter zu Ihnen herankommt, während Sie sich zu ihm drehen, um ihn zu belohnen.

Drehen Sie sich zu Ihrem Hund um, breiten Sie die Arme ähnlich einem »Stopp-Signal« aus und machen Sie ruhig, aber direkt ein paar Schritte auf Ihren Hund zu und verlangen Sie von ihm, dass er wieder in den ausreichenden Abstand zurückweicht. Dabei müssen Sie nichts kommentieren: Ihre Körpersprache ist beeindruckend genug (ähnlich wie in der Übung »Bewegungsgrenzen setzen«, um Ihren Hund auf den Weg zu halten, Seite 94). Dann halten Sie kurz inne und wiederholen die Übung.
Wie bei allen anderen Übungen auch, sollten Sie es Ihrem Hund anfangs so einfach wie möglich machen, damit er möglichst viel richtig machen kann.
Die Leine ist während des Übungsaufbaus am Hund befestigt. Sobald Sie und Ihr Hund eine gewisse Routine mit diesem Kommando bekommen haben, können Sie die Leine bei der Übung von Mal zu Mal weglassen. Später können Sie die Übung ohne Leine bei nur geringer Ablenkung trainieren – wenn Sie allerdings das erste Mal mit Ihrem Hund im Kommando »Hinter« an frei laufenden Hühnern vorbeigehen, lassen Sie die Leine lieber dran. Nur als Zwischenziel, sozusagen – bis Sie auch in Situationen der besonderen Art keine Leine mehr brauchen.

Tipp: Bauen Sie diese Übung sorgfältig und Schritt für Schritt mit Ihrem Hund auf, damit es wirklich »idiotensicher« sitzt. Das heißt also, dass Ihr Hund Ihnen erst einen Schritt folgt und dann belohnt wird; das nächste Mal lassen Sie den Hund zwei Schritte folgen, dann wird er belohnt, dann drei Schritte, bevor Sie ihn belohnen usw. Es lohnt sich wirklich, die ersten zehn oder 20 Schritte auf diese Art und Weise aufzubauen.

Auch auf der Jagd darf der Hund nur auf Kommando die Spur verfolgen.

ÜBUNG »WEITER«

Ziel der Übung ist es, dem Hund zu signalisieren, dass er weitergehen soll – und zwar in die von uns vorgegebene Richtung.

»Weiter!« ist wahrscheinlich eines der wichtigsten Freilauf-Kommandos, weil man es viel häufiger einsetzt als das »Zu mir!«: Nämlich immer dann, wenn der Hund hinterhertrödelt, stundenlang Kronkorken und Kieselsteinchen untersucht oder Gras oder Pferdeäpfel frisst, andere Hunde beschnüffelt, in die falsche Richtung läuft – dann reicht ein »Weiter!«, damit der Hund wieder aufholt oder überholt (er darf auch fünf Meter parallel neben uns gehen). Er soll *mitgehen*, nicht *zu uns* kommen (beobachten Sie sich selbst einmal, wie oft Sie »Zu mir!« rufen, wenn Sie eigentlich nur wollen, dass der Hund weitergeht. Plötzlich macht das Kommando »Weiter!« so viel Sinn!). Das Wort »Weiter!« ersetzt alle wortreichen Kommandos wie »Hier geht's lang!«, »Komm mit«, und »Raus da!« – denn wir meinen mit all dem ja immer das Gleiche: »Weiter!« (eigentlich irre, dass Sie da noch nicht selbst drauf gekommen sind).

Rufen Sie den Hund und bewegen Sie den Arm in Folgerichtung.

Verstärken Sie das Signal, indem Sie selbst die Richtung wechseln.

Sobald er Ihnen folgt, loben Sie ihn freundlich.

Das Kommando »Weiter!« wird gleichzeitig mit Hör- und Sichtzeichen aufgebaut und *grundsätzlich ohne Futter*, denn der Hund soll gar nicht »zu mir!« kommen – sondern weitergehen.

Beginnen Sie die Übung beim ersten Mal ohne Ablenkung. Läuft Ihr Hund voraus, rufen Sie ihn mit »Bello, weiter!« und beschreiben gleichzeitig mit dem Arm eine Bewegung in die Richtung, in die Ihr Hund folgen soll, drehen sich selbst um und gehen in die vorgegebene Richtung. Mit dem Umdrehen und In-die-neue-Richtung-Gehen bedeuten Sie Ihrem Hund bereits körpersprachlich, dass er folgen soll. Sobald er sich in Bewegung setzt, um hinterherzukommen, loben Sie ihn mit Ihrer Stimme. Geben Sie die Anweisung nur einmal klar und deutlich, während Sie sich umdrehen und gehen; warten Sie nicht auf ihren Hund: Er wird schon kommen. Es ist wichtig, dass er gerade in dieser Aufbauphase lernt, dass nach einem »Weiter!« keiner auf ihn wartet und er zusehen muss, dass er möglichst schnell hinterherkommt. Ein Warten würde ihm signalisieren, dass Sie nicht sicher sind, wo Sie hinwollen.

Gehen Sie zügig weiter – Ihr Hund wird schon kommen, keine Sorge.

Wichtig: Warten Sie nicht auf den Hund, er muss folgen.

Dafür wird er mit warmen Worten, ohne Keks und streicheln belohnt.

FALLGESCHICHTE AUS KATHARINAS LEBEN

Mein Galgo Nano wuchs bei einem spanischen Jäger auf und kann Druck nicht gut ertragen, weil er in seinen ersten eineinhalb Jahren schlicht keine Kommunikation mit dem Menschen gelernt hat – oder dass ein strengerer Tonfall nicht mehr mit Prügel, Tod und Verderben gleichzusetzen ist. So sehr er sich über das reichhaltige Wild-Angebot vor unserer Haustür freut, so sehr erwarte ich von ihm aber eine gewisse Zurückhaltung und Gehorsam. Im Frühjahr trafen wir eines Morgens auf fünf Kraniche direkt vor unserer Nase. Nano blieb stehen, weil er sich nicht ganz sicher war, ob diese großen, sehr lauten Vögel tatsächlich jagbares Wild waren. Ich stand neben ihm. Hätte ich nun »Zu mir!« gerufen – möglichst noch mit kleiner Anspannung in der Stimme –, wäre das wie eine Aufforderung bei ihm angekommen. Eine Art »Halali!«, denn meine Schultern zeigten auf die Kraniche. Also bog ich sofort nach links ab, machte eine Armbewegung in die Richtung, in die ich nun gehen wollte, und sagte ruhig: »Weiter!« – und Nano marschierte mit, sah zwar noch ein paar Mal zu den Kranichen hin, aber ließ sie in Frieden.

Macht der Hund Anstalten, ins Unterholz zu wandern, sagen wir »Fifi, weiter!«, während wir unsere Schultern in die Richtung wenden, in die der Hund tatsächlich gehen soll und machen dabei mit dem Arm eine Art Schiebe-Bewegung in ebenfalls diese Richtung. Wir bleiben dabei in Bewegung. Geht der Hund mit, wird er mit einem »Fein!« oder »Prima!« bestätigt, aber *ohne Keks* oder Gestreichel, denn um sich das abzuholen, müsste er ja zu uns herankommen, und das ist hierbei nicht nötig. Im Gegenteil: Würden Sie den Hund auf diese Weise aus dem Gebüsch rufen, würde er zu Ihnen kommen, er bekäme seinen Keks und würde anschließend wieder ins Gebüsch rennen, würde wieder gerufen werden, ankommen und wieder einen Keks bekommen, dann wieder in den Busch rennen… Auf diese Weise hätte er zwar ein eins a zweites Frühstück, aber das Problem mit dem Gebüsch hätten wir noch immer nicht gelöst. Stattdessen ist der Hund irgendwann völlig genervt und gehorcht nicht mehr.

Kümmert sich der Hund nicht um unser »Weiter!«, üben wir das Kommando erst einmal an einer Drei- bis Fünf-Meter-Leine – allerdings wird die Leine wie immer nur als Begrenzung verwendet und ansonsten so, als wäre sie nicht da. Geht der Hund ins Gebüsch und reagiert nicht auf unser Kommando, hangeln wir uns

Sobald Ihr Hund seine Aufmerksamkeit ins Unterholz richtet, fordern Sie ihn mit »Weiter!« auf, Ihnen zu folgen.

mit der Leine ein paar Schritte an den Hund heran, sodass er nicht nach vorne weg kann, gehen dann vor ihn, breiten die Arme aus und »schieben« ihn körpersprachlich aus dem Gebüsch zurück zum Weg, ohne ihn dabei zu berühren – indem wir auf ihn zugehen und er nach hinten ausweichen muss.

»Weiter!« ist keine Maßregelung, sondern nur eine Richtungsvorgabe: Wir sagen, wo's langgeht. Viele Konfliktsituationen lassen sich auf sehr elegante Weise lösen, indem wir dem Hund etwas anderes zu tun geben. Wir wenden uns ab von den Dingen, die der Hund interessant findet, damit wir den Reiz nicht versehentlich verstärken, der Hund darf in Bewegung bleiben und wird außerdem eingeladen, sich wieder der Gruppe anzuschließen, was dem Hund ein Gefühl der Zugehörigkeit gibt.

Ist der Hund an der Leine, machen Sie die »Weiter«-Bewegung mit der freien Hand, um nicht unnötig an der Leine zu rucken.

»WEITER!« FÜR DEN SPAZIERGANG AN DER LEINE

»Weiter!« ist ein sehr wichtiges Kommando für den Leinenspaziergang, wenn Sie nicht alle 14 cm stehen bleiben können oder wollen, weil Ihr Hund irgendeinen Bierdeckel betrachten oder schon wieder einen Löwenzahn markieren muss. Mit »Weiter!« haben Sie ein fabelhaftes Kommando, mit dem Sie Ihren Hund an der Leine führen können, als wäre keine Leine an ihm dran.

Häufig sieht man, dass ein Hund so ins Schnüffeln vertieft ist, dass er gar nicht merkt, dass es weitergeht, und bekommt dann plötzlich einen fürchterlichen Ruck am Halsband, weil sich am anderen Ende der Leine niemand die Mühe gemacht hat, ihm zu sagen, dass es weitergeht. Mit dem »Weiter!« wird ein Hund an der Leine nie wieder »abgeschleppt« oder herumgerupft, als hätte man ein Jojo an der Leine. Sie sagen also »Fifi, weiter!« und gehen ein paar Schritte. Kommt er nicht, gehen Sie zu Ihrem Hund zurück und sagen »Weiter!« mit der ausholenden Armbewegung, während Sie auch weitergehen. Seien Sie respektvoll Ihrem Hund gegenüber: Man schränkt ihn mit der Leine in seiner Bewegungsmöglichkeit und seinem Radius vollständig ein, also kann man ja wohl wenigstens respektvoll mit ihm umgehen.

ÜBUNG: PLAN B ODER: DER 4-STUFEN-PLAN – WAS TUN, WENN DER HUND NICHT AUF DIE KOMMANDOS REAGIERT?

Ziel der Übung ist es, dass der Hund lernt, aufs Wort zu gehorchen.

Jeder hat mal einen schlechten Tag, und jeder Hund hat manchmal vakuumverpackte Ohren – oder er kann gerade nicht, obwohl wir unsererseits wirklich und nachprüfbar alles richtig vorgegeben haben. Viele Hunde haben auch die Erfahrung gemacht, dass es gar keine Konsequenzen gibt, wenn sie mal nicht gehorchen – außer, dass der Mensch immer lauter und böser ruft oder kommt und den Hund von der interessanten Stelle sozusagen »abpflückt« und ihn wortlos an die Leine nimmt oder aber einfach stumm abwartet, bis Monsieur Le Chien endlich so weit ist (in manchen Dingen sind Menschen wirklich erstaunlich geduldig). Oder sie ruinieren sich alle Kommandos, indem sie erst »Zu mir!« rufen, wenn das nicht klappt, »Weiter!«, wenn das nicht klappt, nehmen sie den »Kehrum-Pfiff«, und wenn das auch nicht klappt, machen sie irgendwas, was ihnen eben gerade aus einer Hundesendung von 1974 eingefallen ist. Damit haben sie innerhalb weniger Minuten alle Kommandos ruiniert, die sie monatelang geduldig aufgebaut haben.

Stattdessen kann bei Hörversagen der 4-Stufen-Plan als vorübergehendes Werkzeug eingesetzt werden.

Stufe 1: Ihr Hund buddelt auf einer Wiese einen Tunnel nach Peru. Sagen Sie in Ihrem üblichen, neutralen Tonfall »Bello, weiter!« mit der dazugehörenden Körpersprache (siehe S. 138). Warten Sie zwei, drei Sekunden ab. Gehen Sie dann ein paar Schritte weiter. Wenn er nicht kommt, machen Sie weiter mit:

Stufe 2: Sagen Sie mit hoher, motivierender Hurra-Stimme (wenn Sie nach diesem Buch nicht jederzeit einen Job als Animateur im Club Med bekommen, können wir Ihnen auch nicht helfen) »Hopp, hopp, hopp, jetzt aber schnell!« und wiederholen Sie mit normaler, neutraler Stimme »Bello, weiter!«. Gehen Sie wieder ein paar Schritte weiter. Bei den allermeisten Hunden reicht das schon, dass der Hund sich in Bewegung setzt. Reicht das nicht, warten Sie an dieser Stelle nocheinmal wieder zwei, drei Sekunden ab. Wenn er trotzdem tatsächlich nicht kommt, machen Sie weiter mit:

Stufe 3: Sprechen Sie mit tiefer, lauter Stimme (um ihn zu beeindrucken und etwas mehr Druck zu machen) eine deutliche Verwarnung aus: »Los jetzt, wird's bald!«, und wiederholen Sie dann das Kommando wieder ganz klar und neutral: »Bello, weiter!« Wenn es jetzt immer noch nicht klappt, dann gibt es diese Konsequenz:

»Kommandos immer mit freundlicher Stimme geben – niemals schimpfen oder schreien.«

Stufe 4: Jetzt wird das Kommando nicht mehr wiederholt, stattdessen gibt es eine Konsequenz: Sie gehen zügig, mit straffen Schritten in leichtem Bogen zum Hund und scheuchen ihn mit ausgebreiteten Armen und Riesendonnerwetter in die Richtung, in die er kommen sollte. Er soll dabei *nicht* in Angst und Schrecken versetzt werden, aber von Ihrer Körperhaltung und Ihrer Stimmung richtig beeindruckt sein, sodass er in Zukunft Stufe 4 vermeiden möchte (Sie kennen Ihren Hund am besten und wissen, was ihn beeindruckt. Was bei einem Galgo Eindruck macht, ist vielleicht Pipifax für einen Jagdterrier oder einen Golden Retriever). Es ist wichtig, dass beim Hund deutlich ankommt, dass es durchaus eine Konsequenz gibt, wenn er erst beim vierten Mal gehorcht. Sie werden durch diese Konsequenz für Ihren Hund berechenbar, und er wird bald lernen, von 1 bis 4 zu zählen. Denn wenn er die Erfahrung macht, dass er Stufe 4 vermeiden kann, indem er bei Stufe 3 kommt, wird er in Zukunft eher kommen. Wenn er merkt, dass sein Mensch bei 2 noch bestens gelaunt ist, kommt er doch lieber früher.
Es kann natürlich sein, dass Ihr Hund nach ein paar Wochen noch mal nachfragt, ob es Stufe 4 immer noch gibt. Siehe da: Es gibt sie.

Nach Stufe 4 beruhigen Sie sich gleich wieder und wiederholen kurz danach das Kommando noch einmal, womit Sie Ihrem Hund die Chance geben, gleich bei Stufe1 zu reagieren. Und dann ist die Welt wieder in Ordnung.

Wichtig: Das Kommando *immer* mit freundlicher, ruhiger Stimme geben; niemals schimpfen oder schreien! »Zu mir« oder »Weiter« ist eine *Einladung*, keine Ausladung. Legen Sie sich die richtigen Worte schon im Voraus zurecht, das verhindert Schimpftiraden.

Zählt Ihr Hund zur sensiblen Sorte, passen Sie den Plan dementsprechend an.

ÜBUNG: DER KEHRUM-PFIFF – DER RÜCKPFIFF FÜR DEN NOTFALL

Ziel der Übung ist: Wenn der Hund hinter etwas herrennt oder auf etwas zurennt, soll er auf den Pfiff abdrehen und mit der gleichen Geschwindigkeit zurückkommen.

Der Kehrum-Pfiff soll beim Hund so konditioniert werden, dass er sich reflexhaft umdreht und zu uns zurückkommt, sobald er den Pfiff hört – falls er sich gerade auf dem Weg irgendwohin macht, wo er keinesfalls hin soll, oder um ihn aus gefährlichen Situationen herauszuholen.

Der Kehrum-Pfiff muss anders aufgebaut werden als ein »normales« Kommando, denn der Hund muss damit auch aus Instinkthandlungen (z. B. Hetzverhalten) abrufbar werden.
Für welche Pfiff-Art Sie sich entscheiden – Hundepfeife, auf den Fingern pfeifen, Jodeln oder irrsinnig lautes, hohes Brrrrr – bleibt letztlich Ihnen überlassen bzw. der Tatsache, auf welches Geräusch Ihr Hund am allerbesten reagiert. Probieren Sie es aus: Manche Hunde reagieren sensationell auf die Hundepfeife, andere auf ein völlig irrwitziges Geräusch. Wichtig ist dabei nur, dass jeder, der mit dem Hund spazieren gehen soll, das Geräusch nachmachen kann. (Wenn Papi super pfeifen kann, Mami aber nicht, müssen Sie sich etwas anderes ausdenken.)

»Richtig aufgebaut kann der Kehrum-Pfiff das Lieblings-Kommando Ihres Hundes werden.«

An einem Tag, an dem Ihr Hund noch ein bisschen hungrig ist (also vielleicht nachmittags vor der zweiten Mahlzeit, wenn er die erste frühmorgens hatte, oder nach einem halben Frühstück) packen Sie etwas ein, wofür Ihr Hund wirklich *alles* täte. Es muss eine grandiose Bescherung werden, weit mehr als eine Belohnung, so ähnlich wie Weihnachten, Geburtstag und Erntedankfest zusammen. Es muss weich, saftig und in kleine Fitzel zerteilbar sein – möglichst nichts Trockenes. Es könnte Käse sein, Leberkäse, Fleischwurst, Leberwurstbrot – wir kennen einen Hund, der für Wassermelone sterben würde, einen anderen, der sein Leben gäbe für Pizza Margherita, ein Deutsch Drahthaar in unserer Bekanntschaft liebt Butterkekse (es ist ja nur für den Aufbau dieser Übung, er soll nicht davon ernährt werden!), während unsere Hunde für Brathühnchen so weit laufen würden, wie ihre Füße sie tragen. Was immer es ist: Es muss der Jackpot sein.

Übung aufbauen
Ganz am Anfang des Spaziergangs stellen Sie sich vor den Hund, pfeifen leise (er steht ja genau vor uns, kein Krach notwendig) und lassen eine Handvoll Jackpot auf den Boden fallen – so weiß er schon mal, dass der Pfiff Gutes verheißt.

Kommando-Pfiff einführen
Gehen Sie spazieren, und wenn der Hund vorausläuft – also: gemütlich von uns weg trabt –, dann pfeifen Sie plötzlich und wie aus heiterem Himmel, drehen sich um und galoppieren bestens gelaunt in die andere Richtung, bis Ihr Hund Sie eingeholt hat. Dann bleiben Sie stehen, loben ihn überschwänglich und veranstalten eine echte Party: Es regnet die tollste Belohnung vom Himmel, etwas, wovon der Hund nachts träumt, und Sie freuen sich wie verrückt. Wir werfen den Jackpot deshalb auf den Boden, weil gerade nasenorientierte Hunde es lieben, sich ihre wundervolle Belohnung zusammenzusuchen – und außerdem dauert die Party auf diese Weise noch länger.
Der Hund wird dabei übrigens nicht gestreichelt. Wir bleiben so lange stehen, bis der Hund keine Lust mehr hat zu suchen.

Der Kehrum-Pfiff richtig aufgebaut ist ein Versprechen für großes Hurra.

Kommando wiederholen

Das Gleiche wiederholen wir noch einmal: pfeifen, weglaufen, Party, wobei wir grundsätzlich nur dann pfeifen, wenn der Hund *in Bewegung* ist. An einem Tag wiederholen wir diese Übung zweimal, *aber nur zwei- bis dreimal in einer Woche*. Die ersten zehn Pfiffe werden genau so ausgeführt wie beschrieben, dabei grundsätzlich ohne Ablenkung und nur dann, wenn wir genau wissen, dass es jetzt funktionieren wird – das bedeutet übrigens, dass wir uns auch einmal umsehen müssen, bevor wir pfeifen: nicht, dass wir uns umdrehen, um loszurennen, und dabei einen Jogger umrennen und mit Wurst bewerfen.

Belohnung langsam ausschleichen

Nach den ersten zehn Pfiffen werden die nächsten zehn Pfiffe ohne Ablenkung trainiert – aber nun schränken wir unsere eigene Aktion ein. Wir rennen nicht mehr in die andere Richtung, sondern *gehen* zügig in die andere Richtung. Sobald der Hund, der das Spiel ja nun kennt, bei uns angekommen ist, schmeißen wir wieder eine Party mit großem Helau. Allerdings gibt es nun von Pfiff zu Pfiff weniger Brathuhn und etwas weniger Hurra – aber immer noch richtig gute Kekse.

Das Verstreuen des Jackpots gehört dazu, weil es die Party verlängert. Bleiben Sie so lange stehen, bis Ihr Hund alles gefunden hat und bereit ist für neue Taten.

Bei Pfiff Nr. 20 sind wir dann so weit, dass wir pfeifen, drei bis vier Schritte in die andere Richtung gehen, bis der Hund bei uns ist – dann bekommt er drei Kekse, ein »So ist feiiiin!« – und gut.

Wenn das jetzt für Sie enttäuschend klingt nach den ganzen Partys: So ist nun mal das Leben. Wenn Sie Autofahren können, kommt ja auch nicht plötzlich an einer Kreuzung ein Polizist angerannt und bringt Ihnen einen riesigen Blumenstrauß, weil Sie so gut fahren. Sie müssen das Kindergeburtstagshurra und die Action abbauen, denn Ihr Hund und Sie sollen ja nicht vom Jackpot abhängig werden.

Aber wenn Sie den Hund das erste Mal von einem Reh abgerufen haben, können Sie sich so wahnsinnig freuen, wie Sie wollen, und ihm hinterher auch zwei Brathühnchen anbieten, wenn Sie möchten.

Aber Sie können im Laufe des Jahres den Pfiff zwischendurch immer mal wieder mit einer Megaparty feiern, um den Pfiff aufzufrischen. Sollten Sie sogar, denn auch Hunde sind vergesslich. Jetzt haben Sie also erst einmal ein super aufgebautes Kommando. Ihr Hund hat jetzt gar keine andere Option mehr in seinem Kopf, als beim Ton des Pfiffes umzudrehen und zu kommen.

Jetzt kommt also der große Moment, mit Ablenkung zu trainieren.

»Alle Übungen müssen immer wieder mal im Alltag geübt werden, damit sie nicht in Vergessenheit geraten.«

Arbeiten Sie zuerst einmal mit leichter Ablenkung, dann mit mittelschwerer, dann mit wirklich schwerer Ablenkung (eine leichte Ablenkung ist z. B. eine, die sehr weit entfernt ist). Wenn Sie sich an diese Reihenfolge halten, funktioniert der Kehrum-Pfiff als SOS-Notruf bei neun von zehn Hunden so gut, dass sie sich damit umgehend von Wild abrufen lassen (Achtung: Macht sich in Ihrem Kopf gerade die Erwartung breit, dass ausgerechnet Ihr Hund wahrscheinlich der zehnte ist? Bestimmt nicht. Sie wissen ja mittlerweile, was für ein Ergebnis solche Gedanken haben!).

Für die nächsten zwölf Jahre sollten Sie sich nun zur Gewohnheit machen, den Pfiff ein- bis zweimal im Monat als lustiges Spiel zu trainieren: Es ist kein Programm, das für immer auf eine Festplatte eingebrannt ist – und es ist wirklich keine Selbstverständlichkeit, dass ein Hund sich von einer Instinkthandlung abrufen lässt. Bei ungewöhnlichen Dingen muss man »in Übung« bleiben, damit sie klappen.

NICHT ÜBERTREIBEN

Es ist sehr wichtig, dass Sie den Kehrum-Pfiff nicht zu oft üben. Beim ersten Mal wäre es sehr wirkungsvoll, wenn möglichst mehrere Leute wegrennen (Sie brauchen nicht die ganze Nachbarschaft einladen, aber es macht viel Eindruck, wenn sich die ganze Familie umdreht und losgaloppiert). Sie vermitteln Ihrem Hund eine sehr direkte, sehr emotionale Aussage, wenn sich der Rest seiner Gruppe umdreht und wegrennt.

Wenn er dann hinterherkommt und sich alle nicht nur wie verrückt freuen, sondern es auch noch das allerbeste Futter regnet, das man sich vorstellen kann – Sie können uns glauben: Ein Hund braucht ein paar Tage, um so ein Ereignis zu verarbeiten. Üben Sie das zu oft, macht Ihr Hund bald gar nichts mehr, denn seine Festplatte ist auf Overload, und die neue Information kann nicht mehr abgespeichert werden.

Und wir versprechen: An den Tagen, an denen Sie den Pfiff nicht üben, arbeitet die Übung im Kopf Ihres Hundes trotzdem weiter.

TIPP

Machen Sie es einander leicht, bevor es schwer wird: Der Aufbau mit den Abstufungen einfach – mittelschwer – schwer ist wirklich ungeheuer wichtig für den Erfolg dieser Übung. Nur, weil einer das Einmaleins gut kann, heißt das nicht, dass er deshalb anschließend auch den Dreisatz beherrscht – die notwendigen Zwischenschritte fehlen nämlich.

KEHRUM-PFIFF AUF ENTFERNUNG ÜBEN

Üben Sie den Pfiff auf weite Entfernung (nach 300 Metern ist der Pfiff sehr leise). Erst 50 Meter, dann 80, dann 110, – einer hält den Hund fest (am besten mit Schlaufe), der andere geht weg. Wenn eine Person pfeift, dem anderen ein Zeichen geben, weil er es vielleicht nicht hört, dann weitergehen. Der Hund darf ruhig Theater machen, weil er ZU MAMA WILL, aber erst dann, wenn er den Pfiff hört (doppelte Belohnung!). Klappt hervorragend mit zwei, drei oder vier Hunden. Wenn Sie Windhunde haben, können Sie Ihr eigenes Rennen veranstalten. Aber erst gegen Ende eines Spazierganges, wenn der Hund sich warmgelaufen hat.

WENN IHR HUND SICH BEIM KEHRUM-PFIFF EINS PFEIFT

Sollte der Pfiff nach einer Weile nicht mehr klappen, können Sie den Jackpot zur Motivation wieder ein paarmal einbauen.

Wenn Ihr Hund nach dem Pfiff nicht kommt, warten Sie fünf Sekunden und pfeifen Sie erneut. Kommt er dann noch immer nicht, pfeifen Sie noch einmal und warten. Irgendwann wird er kommen: Dann loben Sie ihn, aber eine Belohnung gibt's nicht. Stattdessen üben Sie am gleichen Tag später am Nachmittag oder am Tag darauf noch einmal. Dann aber wieder mit Super-Jackpot.

Gerade beim Training mit jungen Hunden kann es passieren, dass es zwischendurch mal nicht klappt. Lassen Sie sich davon nicht entmutigen, sondern machen Sie einfach weiter: Sie kennen das doch noch aus der Fahrschule: Wenn das Einparken zweimal geklappt hat, beim dritten und vierten Mal aber nicht mehr, macht das auch nichts. Üben Sie weiter. Sie werden trotzdem eines Tages ein guter Autofahrer.

Die Belohnung für den Kehrum-Pfiff muss ein echter Jackpot sein; etwas so Köstliches und absolut Ungewöhnliches, dass Ihr Hund dafür buchstäblich alles andere sausen lässt.

ZÄUMEN SIE DAS PFERD VON HINTEN AUF

Wenn der Pfiff nicht klappt, obwohl man ihn sorgfältig wie beschrieben aufgebaut hat, gibt es noch einen weiteren Weg. Man nimmt den Hund an eine Fünf-Meter- Leine und geht irgendwo spazieren, wo möglichst viele Kaninchen, Hühner, Katzen oder Rehe herumlaufen. Wenn Ihr Hund das frei laufende Objekt der Begierde sieht, und sich aufregt, warten Sie ab, bis er sich beruhigt hat und wieder ansprechbar ist. Dann pfeifen Sie, drehen sich gleichzeitig um, gehen ein paar Schritte, bis Ihr Hund Sie eingeholt hat – und machen eine *kleine* Belohnungsparty (kein Brathähnchen, aber auf jeden Fall etwas Gutes, vielleicht Würstchen) und loben ihn.

»Wenn das Training zwischendurch mal nicht mehr klappt, lassen Sie sich davon nicht entmutigen.«

Wenn Sie der Katze/dem Huhn/dem Kaninchen ein zweites Mal begegnen, warten Sie den Augenblick ab, kurz *bevor* Ihr Hund sich wieder beruhigt, pfeifen dann, gehen ein paar Schritte, und wenn Ihr Hund bei Ihnen angekommen ist … etc. Beim nächsten Mal pfeifen Sie *noch* ein bisschen früher und wiederum beim nächsten Mal, während Ihr Hund sich fürchterlich aufregt, und dann: In dem Augenblick, in dem Ihr Hund die Katze sieht, pfeifen Sie und gehen los. Sie werden sich wundern.

Wichtig:

- Der Rückpfiff wird höchstens alle zwei bis drei Tage und maximal zweimal am Tag geübt.
- Davon zehnmal ohne Ablenkung mit mordsmäßigem Hurra
- Zehn weitere Male ohne Ablenkungen, aber von Mal zu Mal die Party und die Belohnung reduzieren
- Drei- bis viermal mit leichter Ablenkung
- Drei- bis viermal mit mittelstarker Ablenkung
- Danach je nach Bedarf mit schwerer Ablenkung
- Nach dem Grundaufbau grundsätzlich ein- bis zweimal im Monat ohne Ablenkung üben, mit Hurra und Belohnung
- Bei starker Ablenkung kann man den Hund auch noch ein zweites oder drittes Mal abpfeifen, falls er beim ersten Mal nicht kommt

In hartnäckigen Fällen muss man manchmal kreativ werden und das Pferd von hinten aufsatteln, will heißen:

Üben Sie mit einer weiteren Person, die den Hund bei sich an der Leine hält, während Sie sich zwei- bis dreihundert Meter entfernen. Pfeifen Sie – und Ihr Hund wird so schnell angeflitzt kommen, wie Sie es sich nicht zu träumen wagten. Üben Sie den Rückpfiff für eine Weile auf diese Weise, damit Ihr Hund sich daran gewöhnt, auf den Pfiff die Beine in die Hand zu nehmen und zu Ihnen geschossen zu kommen.

Haben die ersten 20 Pfiffe ohne Ablenkung gut geklappt, können Sie nun auch langsam mit Ablenkungen anfangen – wie bei diesem Hund, der gerade von den Enten abgelenkt wird.

DER UMGANG MIT DER SCHLEPPLEINE

Solange Ihr Hund noch an der langen Leine laufen soll, müssen Sie sich daran gewöhnen, Wegbegrenzungen sofort einzubauen, damit der Hund sich nicht mit der Schleppleine in Büschen und Unterholz verheddert. Bei Schleppleinen gilt das Gleiche wie bei allen anderen Leinen: Es werden niemals Anweisungen über die Leine gegeben, kein Gezuppel, kein Geruckel. Der Hund soll sich ganz allein auf Ihre Körpersprache und Ihre Hörzeichen verlassen. Ihr Hund soll lernen, auch ohne Leine zu gehor-

Um mit einer Gruppe von Hunden so entspannt spazieren gehen zu können, ist immer wieder mal Einzeltraining der jeweiligen Hunde notwendig.

chen, und das kann er nicht, wenn er sich erst einmal auf Leinensignale verlässt. Hunde können – wie ihre Besitzer – von Leinenimpulsen »abhängig« werden, indem sich beide völlig darauf verlassen.

TRAINING IN MEHRHUNDE-HAUSHALTEN

So schön es häufig für die Hunde sein kann, in Gruppen zusammen zu leben, so stellt ein Mehrhundehaushalt erhöhte Erziehungs-Anforderungen an den Besitzer. Sehr häufig arbeitet der nicht mit dem jüngsten oder neuesten Hund alleine und baut die Kommandos sauber auf, sondern vertraut darauf, dass die neuen Hunde sich in die Gruppe einfügen und dabei durch Nachahmen lernen. Bei Welpen ist das häufig auch so (wenn die Phase erst einmal vorbei ist, in der die vorhandenen Hunde ihren »inneren Welpen« entdecken und ihrerseits mit allem möglichen, *dem Welpen nachgeahmten* Käse anfangen), während ein Hund, der die Geschlechtsreife schon hinter sich hat, wenn er in die Gruppe kommt, nicht mehr besonders auf Nachahmung aus ist. Er hat seine eigene Geschichte und Erfahrungen, versucht, seinen Platz in der Gruppe zu finden, und beschäftigt sich nicht sehr damit, was Worte wie »Zu mir!« oder »Weiter!« bedeuten könnten – und zögert entsprechend, wenn man ihn nach etwas fragt. Diese Hunde bekommen die Kommandos zwar mit, führen sie aber nicht hundertprozentig aus, weil man es meistens zeitlich nicht schafft, täglich mit nur einem von ihnen alleine zu üben und diese Kommandos klar aufzubauen.

»Training und Erziehung von mehreren Hunden ist die Hohe Schule der Hundeausbildung.«

Es ist sehr wichtig, mit den Hunden, die etwas Neues lernen sollen, vielleicht alle drei Tage ohne den Rest der Truppe einen Spaziergang allein zu machen. Dabei übt man die Orientierung am Menschen und ein paar Kommandos – was immer in der alltäglichen Organisation irgendwie machbar ist.

Wenn Sie mehrere Hunde haben und den neuen Hund einfach so mitlaufen lassen, wird der Neue nicht wirklich zuverlässig etwas lernen. Er wird sich nicht unbedingt an den anderen Hunden orientieren, er wird aber auf sie *re*agieren, will heißen: Der Neue kommt vielleicht nicht, weil ein anderer ihm (so subtil, dass Sie es gar nicht mitbekommen) eine Botschaft mitteilt, er solle Abstand halten, was ihn in einen weiteren Konflikt bringt. Er will keinen Streit – weder mit der Gruppe, noch mit Ihnen, aber weil der Gruppenzwang größer ist, wird er so lernen, dass man Ihren

Kommandos auch mal nicht folgen muss. Die Situation, die ein einfaches »Zu mir!« ausgelöst hat, ist für den Neuen unglaublich kompliziert: Er muss die Höflichkeit wahren und kann schon deshalb nicht direkt auf die Gruppe zulaufen (unter Hunden ein echtes No-Go). Sie dagegen werden nicht wirklich wissen, ob der Hund eigentlich zuverlässig folgt oder gerade nicht kommen kann (siehe S. 127) und Sie ihm vielleicht tatsächlich etwas Raum geben müssen.

»Das wird schon« klappt nur, wenn wir als Hundeführer auch wirklich etwas unternehmen, unseren Hund an die Hand nehmen und ihm erklären, wie es bei uns so abläuft. Setzen Sie sich also ein Ziel *vor* dem Spaziergang: »Heute soll er sechsmal *zu mir* kommen« z. B. – wenn Sie mit einem halben Brathuhn losstapfen, haben Sie ja auch offensichtlich den Plan, den Kehrum-Pfiff zu üben. Das geht auch bei allen anderen Kommandos, die Sie mit Ihrem Hund üben.

KOMMANDOS AUFFRISCHEN

Gerade Kommandos, die wir nicht täglich abfragen, können etwas in Vergessenheit geraten und müssen deshalb immer wieder mal geübt werden.

Hunde haben – genau wie wir Menschen – keine Festplatten im Kopf, auf denen einmal Gelerntes für immer abrufbar bleibt. Was nicht immer wieder Mal geübt wird, gerät in Vergessenheit – denken Sie nur an bestimmte Physik- oder Matheaufgaben aus der Schulzeit, oder Gedichte, die irgendwann mal bombensicher saßen: weg. Hunden geht es genau so. Wir vergessen das leicht, weil wir sie den ganzen Tag um uns haben, weshalb unsere Anweisungen an sie häufig den Charakter von Gesprächen zwischen »Tür und Angel« annehmen.

Im Gegensatz dazu nehmen sich Reiter bei ihren Pferden gewöhnlich ganz konzentriert die Zeit, in der sie nichts anderes tun, als mit ihrem Pferd zu arbeiten, weshalb die Arbeit mit dem Pferd gewöhnlich ungleich effektiver ist: Selbst getrödelte Ausritte werden vorher explizit als solche geplant, wenn das Pferd die ganze Woche über arbeiten musste, weil z.B. bestimmte Seitengänge nicht geklappt haben.

Hunden geht es genauso: Selbst wenn der Hund so gut Gehorcht hat, dass Sie z.B. seit Monaten keinen Kehrum-Pfiff mehr anwenden mussten, sollten Sie ihn alle paar Monate wieder üben (ruhig mal wieder mit Jackpot-Party etc ...), damit ihm wieder einfällt, was das Geräusch bedeutet, wenn dann doch einmal eine unwiderstehliche Herde Mufflons seinen Weg kreuzt.

Spaziergänge mit Freunden sind einfach netter – wenn die Gruppendynamik stimmt.

DENN SIE WISSEN NICHT, WAS SIE TUN: JUNGHUNDE

Junghunde verhalten sich im Training manchmal anders, als unsere Übungen es vorgeben.

> »Junghunde kooperieren meistens nicht so gut mit dem Menschen, weil ihr kleines Gehirn im Umbau ist – aber das wird wieder, versprochen.«

Das liegt daran, dass das jagdliche Interesse des Hundes zwischen dem ca. 9. und dem 18. Lebensmonat sozusagen völlig entfesselt ist. In dieser Zeit haben junge Hunde gedanklich Hochsaison, was das Jagen angeht. Als Welpen bleiben unsere Hunde noch artig beim Menschen – mit »Bravsein« hat das dabei nicht so viel zu tun, eher damit, dass Nahe-am-Anführer-Bleiben schlicht eine Sache des Überlebens ist. Mit etwa acht, neun Monaten wird der Hund langsam geschlechtsreif, sein Geruchssinn ist jetzt entwickelt, seine Augen sind »erwachsen« und er ist anatomisch in der Lage, schnell auf Spur oder hinter Wild herzurennen. Sein inneres Navigationssystem, sein Orientierungssinn ist jetzt sehr gut entwickelt, ebenso sein Gehör. Er rennt nun *jeder* Spur nach, weil er überhaupt noch nicht begriffen hat, was eine alte oder eine frische Spur ist. Außerdem ist er total pubertär und hält sich sowieso für eine Mischung aus Batman und Richard Löwenherz, der alles kann und für den andere Regeln gelten als für alle anderen – jedenfalls in seinem Kopf.

Der Jagdinstinkt, der in dem Welpen noch als hübsches kleines Flämmchen geschlummert hat, wird mit dem Ausbruch der Geschlechtsreife zu einem lodernden Feuer (es gibt tatsächlich Hunde, die schon mit vier, fünf Monaten hochpassioniert sind, aber die kommen zumeist aus ausgesprochenen Leistungszuchten und sind auch dann eher selten).

Jäger machen häufig den Fehler, mit Welpen und ganz jungen Hunden schon sehr viel auf Wild zu trainieren und machen die Hunde damit von vorneherein heiß und noch passionierter – und das kleine Flämmchen wird zu einem gewaltigen Waldbrand, den sie nicht mehr eindämmen können. Dann versuchen sie es mit Unterordnung und harten Methoden und bald geht gar nichts mehr, denn die Passion, die bisher aktiv gefördert wurde, darf der Hund jetzt plötzlich nicht mehr zeigen – das muss doch selbst den klügsten Hund komplett verwirren.

Deshalb ist es wichtig, auch im Junghundealter die jagdliche Flamme so klein wie möglich zu halten. Der Junghund muss jetzt vor allem lernen, sich an uns zu orientieren und auf dem Weg zu bleiben – alles andere ist im Augenblick nicht so wichtig. Es macht überhaupt nichts, einen Junghund mal für längere Zeit – ein paar Wochen oder sogar Monate – an der Leine zu halten: Das ist alles normal. Bevor man sich nur noch ärgert oder völlig verunsichert wird, in was für ein Jagdmonster sich unser niedlicher Welpe vor unseren Augen verwandelt hat, nehmen wir ihn lieber an die Leine und behalten ihn buchstäblich im Griff. Es gibt fabelhafte Drei- bis Fünf-Meter-Leinen und gute Geschirre, die einem über diese schwere Zeit hinweg helfen, und seien Sie versichert: Es ging schon vielen, vielen Leuten vor Ihnen so, und dieses Equipment ist nur vorübergehend. Sie werden demnächst wieder einen normalen Hund an einem normalen Halsband und einer normalen Leine führen können. Und auch wieder ganz ohne Leine. Ehrlich.

DU BIST SO GEMEIN!

Wenn wir Grenzen setzen, kooperieren Junghunde nicht ganz so gut mit uns wie ein Welpe oder ein erwachsener Hund. Sie sind sehr sensibel und nehmen viele Dinge sehr persönlich (erinnern Sie sich noch an Ihre eigene Pubertät? Na? Wir kennen Teenager, die es persönlich nehmen, wenn man sie bittet, den Tisch abzuräumen. Was daran so ein Desaster sein soll, erschließt sich nur ihnen allein – oder jedenfalls niemandem über 16 –, aber Sie erinnern sich vielleicht noch: Das Drama ist groß und tief empfunden). Wenn man jetzt mit zu viel Druck arbeitet, kann es sein, dass das beim Hund genau das Gegenteil von dem auslöst, was man möchte – und er übertreibt es auch noch. Wenn man sich ärgert, macht der Hund weiter – bis man irgendwann so weit ist, dass man den Junghund am liebsten auf der Straße an den Nächstbesten verschenken möchte. Die Hunde können nichts dafür, denn sie wissen nicht, was sie tun: Ihr Gehirn ist im Umbruch, ihr Köper fühlt sich neu an, sie können sich nicht konzentrieren, weil sie sich um so viele verschiedene Sachen kümmern müssen – tun Sie also sich und Ihrem Jungspund einen Gefallen und machen Sie die Leine zu Ihrem besten Freund. Junghunde brauchen extrem viel Verständnis von ihren Besitzern – denn nur dann, wenn ich verstehe, was der Hund gerade durchmacht, habe ich auch die Geduld, ihn zu ertragen. Ohne Verständnis (und Humor!) geht es nicht.

FÜHRUNG

Führung hat etwas mit der inneren Haltung des Hundeführers zu tun, der seinen Hund souverän und sicher durch die Welt führt und ihm zeigt, wo's langgeht.

Viele Hundebesitzer sind der Meinung, dass man seinen Hund mit der Stimme und Kommandos führt. Beides sind wichtige Werkzeuge, aber in Wirklichkeit nur ein kleiner Teil dessen, was Führung wirklich ausmacht. Der Umgang mit Hunden ist – wie eigentlich alles im Leben – vor allem eine Frage der inneren Haltung. Wir wollen eine so präsente Ruhe und Gelassenheit ausstrahlen, dass sie sich auf den Hund überträgt (manchmal hilft auch eine gesunde »Mir doch wurscht«-Haltung – was die Nachbarn denken, ist wirklich egal). Lassen wir uns durch die vermeintliche

IST ES IHRE LAUNE ODER DIE EINES ANDEREN?

Man kann tatsächlich selbst bestimmen, ob man sich von der Stimmung eines anderen anstecken lässt oder die Stimmung beibehält, die man vorher hatte.

Es liegt an uns selbst, ob z. B. wir beim Anblick einer Katze in die Aufregung unseres Hundes mit »einsteigen«, selbst nervös werden, uns aufregen, den Hund anschreien – oder ob wir unsere Emotion von der des Hundes trennen: Wir haben ja gar nichts gegen Katzen. Welche Stimmung würde die Katze bei Ihnen auslösen, wenn Ihr Hund nicht dabei wäre? Wahrscheinlich würden Sie sie ganz niedlich finden und – falls sie schwarz ist – Ihren Aberglauben mal kurz überprüfen. Aber Sie würden sicherlich kein Pulsrasen oder schwitzende Handflächen davon bekommen. Sagen Sie sich innerlich: Fifi, das ist *deine* Aufregung, nicht meine. Dadurch finden Sie den nötigen Abstand zur emotionalen Lage Ihres Hundes, finden dadurch zurück zu Ihrer Souveränität und können dem Hund helfen, schneller zur Ruhe zu kommen (klappt auch bei grantigen Mitbürgern).

NOTIZ AM RANDE

Souverän sein bedeutet: sicher und überlegen handeln. Die ursprüngliche Bedeutung des Wortes *souverän* ist »überlegen«. Souverän heißt: »über den Dingen stehen« und als unabhängig, gelassen, kompetent, stark und/oder routiniert wahrgenommen zu werden.

Bewertung von Zuschauern oder -hörern beeindrucken, verunsichert uns das auch und verhindert eine souveräne Haltung. Bleiben Sie bei sich, bei Ihrem Hund und bei Ihrer Souveränität.

Die Führung übernehmen ist keine Sache eines dominanten Auftretens, sondern der inneren Haltung. In Wirtschaftslexika wird eine Führungskraft folgendermaßen definiert: »Personen mit Personal- und Sachverantwortung. Haben aufgrund ihrer (relativ hohen) hierarchischen Stellung Einfluss auf das gesamte Unternehmen oder seine wichtigsten Teilbereiche.« In einer Führungsposition überzeugt man, indem man eine ruhige, souveräne Energie ausstrahlt, eine klare Vorstellung von den eigenen Zielen hat und agiert, anstatt zu reagieren. Die Rolle eines Hunde-Führers ist nicht anders. Wir müssen den Hund mit einer klaren Ausrichtung anleiten. Das bedeutet: Bevor wir ein Kommando aussprechen, müssen wir wissen, was der Hund tun soll – und nicht einfach willkürlich irgendwas hinter ihm her rufen. Wenn ich also den Hund rufe, muss ich mir darüber im Klaren sein, dass er kommen soll, von A zu uns nach B. Das ist es auch, was mit dem Ausdruck gemeint ist, man müsse einen Hund »bestimmt und souverän anleiten« – *wir* bestimmen die Richtung und die Ausrichtung, in der der Hund sich bewegen soll.

Kindern fällt eine gute Führung oft leichter. Sie machen sich nicht so viele Sorgen.

FALLGESCHICHTE AUS INGAS LEBEN

Ein Ehepaar und ihr 10-jähriger Sohn hatten ihren Großen Münsterländerwelpen bei mir jagdlich ausgebildet. Alle Kommandos waren richtig aufgebaut worden, der Hund reagierte super auf alles. Zwei Jahre später rief mich die Ehefrau an: Der Hund habe alles vergessen, was wir je im Training aufgebaut hätten, käme zwar, wenn ihr Sohn ihn riefe – bei ihr dagegen überhaupt nicht. Wir verabredeten uns zum Training am Ufer des Inns, wo es vor Ablenkung nur so wimmelte.
Ich bat die Frau, den Hund abzuleinen. »Oh Gott«, sagte sie, »hier ist doch viel zu viel Ablenkung!« Kaum war der Karabiner ab, rannte der große Münsterländer mit Vollgas zu den Kindern, die Enten fütterten. Seine Besitzerin schrie sofort aufgeregt und hysterisch: »Hermann, zu mir!« Der Hund reagierte überhaupt nicht. »Warum hast du den Hund denn jetzt gerufen?«, wollte ich wissen. »Damit er nicht die Kinder belästigt!«, lautete ihre prompte Antwort.
Wir drehten uns um in die andere Richtung und es dauerte nicht lange, da holte Hermann auf und rannte direkt an uns vorbei geradewegs zu den Picknickern. Wieder rief Frauchen lauthals: »Hermann, zu mir!« Von Hermann kam keine Reaktion. »Warum hast du ihn denn jetzt gerufen?«, fragte ich erneut. Die Antwort: »Damit er die Picknicker nicht verärgert.«
Bald darauf erblickte Herrmann die Hundegruppe am Inn-Ufer. Im gestrecktem Galopp rannte er auf die Gruppe zu. Frauchen schrie erneut: »Hermann, zu mir!« Und ich fragte sie noch einmal: »Aus welchem Grund hast du jetzt gerufen?« Ihre Antwort: »Damit er die Hundegruppe nicht aufmischt.«
Wir drehten uns um und gingen gemütlich zurück. Der Münsterländer löste sich von der Hundegruppe, trabte entspannt an uns vorbei und steuerte wieder zu den entenfütternden Kindern. Diesmal stoppte ich Frauchen bereits während sie Luft holte, um Hermann etwas hinterherzuschreien, und bat stattdessen ihren Sohn, den Hund zu rufen. Der Zwölfjährige rief Hermann mit normaler, freundlicher Stimme: »Hermann, zu mir!« Der Hund machte auf dem Absatz kehrt, rannte zu dem Jungen und stupste seine Hand an. Der hatte noch nicht einmal einen Keks dabei.
Jetzt fragte ich den Jungen: »Ich habe dich zwar gebeten, den Hund abzurufen, aber warum hast du ihn gerufen, was wolltest du von ihm?« Das Kind schaute mich an, als hätte ich einen Vogel, und sagte: »Damit er kommt.« Und genau hier lag »der Hund begraben«: Die Besitzerin rief nach Hermann, weil sie verhindern wollte, dass ihr Hund unangenehm auffiel. Sie rief ihn, damit er etwas Bestimmtes **nicht** tat. Ihr Sohn dagegen blieb authentisch. Er rief, damit der Hund etwas bestimmtes tat: nämlich kommen.

Macht es Spaß, mit Ihnen spazieren zu gehen, ist es angenehm und unterhaltsam, oder ist es eher ein Gang nach Canossa?

SELBST FOLGEN EINE FRAGE DER ATMOSPHÄRE

Wenn die Stimmung zwischen Hund und Mensch harmonisch ist, bleiben Hunde eher in der Nähe und bleiben auch unter Ablenkung ansprechbarer, und falls sie sich mal entfernen, um etwas auszukundschaften, kommen sie sicher schneller zurück.

Fragen Sie sich, ob Sie eigentlich Ihrerseits gerne mit Ihnen spazieren gehen würden. Ist Ihre Gesellschaft amüsant und entspannt, ist es angenehm, mit Ihnen spazieren zu gehen und macht es vielleicht sogar richtig Spaß? Oder sind Sie eher angespannt, unzufrieden, ärgerlich oder ängstlich? Eine der ersten Fragen, die sich der Hundebesitzer stellen sollte, heißt also: Bin ich die Begleitung, die ich mir selber auch aussuchen würde? Würde ich gerne mit jemandem wie mir spazieren gehen (mal ganz abgesehen von langen Beinen, Waschbrettbauch oder schönen Haaren: Das hilft einem auch nicht weiter, wenn der andere die ganze Zeit Unsinn erzählt, genervt oder angespannt ist)? Meistens will man doch bei jemandem bleiben, der entspannt und amüsant ist. Wer unangenehm ist, unsicher und ängstlich oder einen anrempelt, anschnauzt und eine gereizte Atmosphäre verbreitet, den meidet man tunlichst. So geht es Hunden auch: Viele Hunde verschwinden länger, wenn sie mal abhauen, obwohl sie gar keinen jagdlichen Grund dafür haben, weil sie einfach mal Abstand von ihrem Menschen brauchen. Hundehalter, die ihre Hunde ständig aus Unsicherheit, Angst, Sorge und/oder mangelndem Vertrauen kontrollieren, ihm also ständig Kommandos hinterherrufen, sind für ihre Hunde richtig anstrengend. Diese Hunde werden von der Atmosphäre, die der Hundehalter kreiert, permanent überfordert.

Anders als wir Menschen kommunizieren Hunde weniger über Laute, als vor allem über Körpersprache, Stimmung, Blicke und Berührungen. Die Sinnesorgane von Hunden sind unseren um ein Vielfaches überlegen: Sie nehmen bewegliche optische Reize viel schneller wahr als wir, sie können höhere Frequenzen hören und Geräuschquellen dreidimensional orten, unsere Nase mit fünf Millionen Riechzellen ist eine banale Angelegenheit gegen die 220 Millionen Riechzellen eines Schäferhundes, und Hunde können sich viel schneller in andere Lebewesen hineinfühlen, als der Mensch überhaupt wollte.

Dementsprechend weiß unser Hund immer ganz genau, in was für einer Stimmung wir uns befinden. Er ist durch das tägliche Zusammenleben mit uns ein Experte dafür und merkt, ob wir angespannt sind, schon lange bevor wir es selber wissen. Er weiß, wie oft wir ein- und ausatmen und spürt unsere Schnappatmung, wenn wir einen unangenehmen Nachbarn treffen. Und wenn wir mit jemandem spazieren gehen, der sehr angespannt ist, überträgt sich das häufig auch auf uns: Dann laufen unsere Hunde plötzlich aus dem Ruder, wofür wir zunächst gar keine Erklärung haben. Tatsächlich kann die jeweilige Stimmung des anderen eine Situation vollkommen verändern – nämlich entweder auflösen, oder tatsächlich in eine völlig andere Richtung kippen lassen.

NOTIZ AM RANDE

Menschen, die einen Plan haben, sind für alle Hunde attraktiver. Unsichere Menschen verwirren den Hund und werden als Reaktion darauf vom Hund eher gemieden, was wiederum deren Kooperationsbereitschaft verringert.

ZWISCHENÜBUNG:

Die Selbstwahrnehmung schulen

Überlegen Sie, wann Sie sich das letzte Mal von der Stimmung Ihres Hundes anstecken ließen, und wann Ihr Hund sich das letzte Mal von Ihrer Stimmung anstecken ließ. Wenn Sie solche kleinen Dinge immer wieder mal überprüfen, können Sie damit Ihre Selbstwahrnehmung schulen.

Ein Hunde-Führer muss seinem Hund gegenüber ein Vorbild sein. Das heißt: Er sollte seinem Hund äußerlich wie auch innerlich vormachen, wie er sich zu verhalten hat – nämlich ruhig, gelassen, souverän und eben *nicht* aufgeregt, unsicher, aggressiv oder unkontrolliert. Sind wir ruhig und souverän, kann unser Hund es auch übernehmen. Haben wir Sinn für Humor, übernimmt der Hund ihn auch, sind wir albern – na, sehen Sie sich unsere Hunde an: lauter Spaßvögel. Das bedeutet: Wenn wir angespannt sind, werden unsere Hunde es auch. Wenn wir uns aufführen wie Rumpelstilzchen am Lagerfeuer, wird unser Hund auch so eine

Von diesen Momenten der Zweisamkeit träumt man, wenn man sich einen Hund wünscht.

Märchenfigur, nur leider nicht märchenhaft. Unser Hund ist so gut, wie wir es ihm vorgeben. Sie kennen doch den Satz »Wie der Herr, so 's G'scherr«? Na also.

DIE SACHE MIT DER DOMINANZ

Das Wort *Dominanz* ist wahrscheinlich das am häufigsten missbrauchte Wort in der Hundeerziehung: Sobald ein Hund nicht tut, was er soll, wird er als »dominant« bezeichnet. Meistens ist er dabei nur schlecht erzogen. Dominanz ist eine Energie, die andere dazu veranlasst, Ihnen zu folgen. Manche Leute sind aufgrund ihres Charismas dominant – sie nehmen einen ganzen Raum ein, wenn sie durch die Tür treten –, andere »dominieren« ein Gespräch, weil das Thema sie so interessiert, sind aber ansonsten eher zurückhaltend. Wer aber beispielsweise einen »Abend dominiert«, wird nur selten als angenehm empfunden, weil das umgangssprachlich bedeutet, dass er den anderen wenig Raum gelassen hat. So soll auch ein Hund nicht »dominiert« werden, sondern geführt.

»Dominanz ist nicht synonym mit Aggression: Oft sind gerade die nicht souveränen, verunsicherten Hunde aggressiver in ihrem Verhalten.«

Natürlich gibt es dominante Hunde, so, wie es auch dominante Menschen gibt. Eine wirklich dominante Persönlichkeit hat kein Problem damit, die Führung zu übernehmen und mit einer gewissen Autorität Entscheidungen zu treffen. Das bedeutet aber trotzdem nicht, dass ein dominanter Hund sich nicht führen lässt oder aggressiv ist: Sehr viele dominante Hunde wollen die Führung gar nicht übernehmen und wären sehr zufrieden, wenn ihr Besitzer (endlich!) diese Aufgabe übernehmen würde. Der Mensch tut es nur häufig einfach nicht. In solchen Fällen übernimmt der dominante Hund oder »Kopfhund«, wie Jäger das nennen, notgedrungen das Ruder. Er kann dann gar nicht anders.

Dominanz ist auch nicht synonym mit Aggression. Meistens sind stattdessen gerade die Hunde aggressiv, die eben *nicht* souverän sind, sondern leicht zu verunsichern. Genau so sind auch Hundebesitzer, die glauben, sie dominierten ihren Hund, indem sie ihm gegenüber aggressiv mit Stimme, Körpersprache und dem Einsatz von Gewalt auftreten: So ein Verhalten signalisiert dem Hund, dass der Mensch seine Souveränität aufgegeben hat und unberechenbar ist.

Viele Hundehalter verwechseln bei Hunden Dominanz mit Selbstbewusstsein, Forschheit oder Temperament. Viele Hunde, die als dominant bezeichnet werden, wollen keineswegs »Entscheidungen treffen« oder endlich »die Führung übernehmen«, sondern schlicht mehr Action geboten bekommen. Sie wollen etwas Nützliches tun. Gerade Gebrauchshunderassen oder deren Mischlinge wollen nicht nur schön sein, sondern *gebraucht* werden. Sie sind dafür gezüchtet worden, Aufgaben zu erledigen und ihr Ziel jetzt gleich zu erreichen. Solange dieses Ziel ist, ihrem Besitzer zu gefallen, ist der Besitzer glücklich; wenn das Ziel das Jagen von Kaninchen oder Einkreisen fremder Schafe ist, ist der Besitzer meist weniger vergnügt. Ein Weimaraner, der nur in der Galerie seiner Besitzer herumliegt, wird sich selber einen Job suchen und anfangen, die Galerie gegen Eindringlinge zu verteidigen.

Auch unabhängige Hunde wie die orientalischen Windhundrassen, Herdenschutzhunde, Huskies oder viele Terrierrassen sind meistens nicht »dominant« – sie sind einfach ganz zufrieden damit, ihr eigenes Ding zu machen, ohne dass sich der Mensch einmischt. Sie sind nicht zur engen Kooperation mit dem Menschen gezüchtet und viel zu klug für ständige Wiederholungen im Trainingsprogramm.
Ein unabhängiger Hund kann seinen Besitzer durchaus sehr lieben, er ist nur nicht so daran interessiert, bei seinem Besitzer dauernd auf dem Schoß zu sitzen. Wenn es etwas gibt, das diesem Hund sehr gefällt, wird er sich um dieses Interessensgebiet bemühen, ohne sich besonders um seinen Besitzer zu kümmern.

Dann gibt es noch die angeblich »sturen« Hunde. Terrier sind die Paradebeispiele für diese angebliche Charaktereigenschaft, ebenso Shiba Inus, Dackel oder Französische Bulldoggen. Als »sture« Hunde werden gemeinhin die bezeichnet, die sich ein Kommando anhören, aber danach trotzdem einfach das weiter machen, was sie machen wollen. »Stur« gibt es aber gar nicht bei Tieren: Die sitzen nicht die ganze Nacht im Körbchen und überlegen sich, wie sie ihr Herrchen morgen früh wieder zur Weißglut bringen können. In Wirklichkeit brauchen diese Hunde eine sehr differenzierte Kommandogebung, abgestimmt auf diesen speziellen Hund. Wenn der Hund nicht macht, was er soll, hat der Mensch sich nicht klar ausgedrückt. So einfach ist das. Machen Sie nicht den Fehler, ihm »menschliche« Beweggründe für sein Verhalten zu unterstellen. Das ist nur frustrierend und bringt Sie im Zusammenleben nicht weiter.

Auch unabhängige Hunde kann man dazu motivieren, mit ihrem Menschen gemeinsame Sache zu machen.

Andere Hunde wiederum lassen sich einfach sehr leicht ablenken und tendieren dazu, ihren Besitzern ihre geschätzte Aufmerksamkeit nur für klitzekleine Zeitfenster zuteil werden zu lassen. Es kann anstrengend sein, Hunde mit dieser Art »Aufmerksamkeitsdefizit-Syndrom« zu trainieren, weil sie bei der kleinsten Ablenkung den Fokus auf ihren Menschen oder die Aufgabe, die ihnen gerade gestellt wurde, verlieren. Die Welt solcher Hunde muss übersichtlich gehalten werden, weil sie sich selber keinen Gefallen damit tun, auf alles zu reagieren.

Beobachten Sie Ihren Hund also genau, damit Sie nicht *gegen* Ihren Hund und seine Persönlichkeit arbeiten, sondern *mit* Ihrem Hund zu einem guten Team werden.

»Sprechen Sie Ihren Hund in der Sprache an, die er am besten versteht – die Körpersprache ist für ihn deutlicher als Worte.«

ÜBUNG: GEBEN SIE IHREM HUND DEN WEG NUR MITHILFE IHRER SCHULTERN VOR

Ziel der Übung ist es, dem Hund wortlos, nur mit der Körpersprache die Richtung zu weisen.

Weil für einen Hund unsere Körpersprache eine viel deutlichere Sprache ist als unsere Worte, müssen wir unsere Hunde kaum noch ansprechen, wenn wir erst einmal eine klare Körpersprache haben.
Üben Sie, Ihren Hund hauptsächlich mithilfe Ihrer Körpersprache zu führen. Das Ergebnis wird sein, dass Ihr Hund viel mehr auf Sie achtet und Sie immer im Augenwinkel behält (wie Hunde untereinander das ja auch tun), wenn Sie das Sprechen einstellen. Wählen Sie hierzu eine ruhige Umgebung ohne größere Ablenkungen, z. B. den Park oder Wald an einem sehr frühen Sonntagmorgen, bevor die Joggerfraktion aus ihren Betten gekrochen kommt, und unbe-

Der Hund richtet sein Interesse dorthin, wo unsere Schultern hin zeigen.

Wir wenden uns mit Schultern, Blick und Körper in die Richtung, in die wir gehen wollen.

Der Hund reagiert auf unsere Vorgabe mit einer Wendung in unsere Richtung.

Der Hund orientiert sich an unserer Richtungsvorgabe und folgt uns.

Interessiert sich der Hund für etwas anderes, geben wir stur weiter die Richtung vor.

Der Hund gibt nach und orientiert sich wieder an uns.

»Um den Hund ausschließlich mit Sichtzeichen zu führen, muss man aufrecht gehen wie jemand, der etwas zu sagen hat.«

dingt, bevor sich alle auf ihre Fahrräder schwingen und Sie vom Weg fegen.
Um Ihren Hund ausschließlich mit Sichtzeichen wie Ihren Händen und Ihren Schultern zu führen, müssen Sie aufrecht gehen wie jemand, der etwas zu sagen hat. Unsere Schultern weisen grundsätzlich in die Richtung, in die wir wollen, wo unser Ziel und unser Interessensfokus liegt. Wenn Ihr Hund zu Ihnen kommen soll, winken Sie ihn wie geübt und gehabt zu sich (siehe S. 118) und machen im Falle des Zögerns ein, zwei Schritte rückwärts. Wenn er ins Gebüsch schaut, machen Sie eine ausladende Armbewegung, um ihm »Weiter!« zu signalisieren. Schlagen Sie einen Weg ein, der nicht Ihrer üblichen »Trasse« entspricht: Drehen Sie sich langsam um, warten Sie kurz und marschieren Sie in die Richtung, in die Ihre Schultern zeigen.

Mit einem angeleinten Hund funktioniert die Übung an der lockeren Leine genauso, denn Sie benutzen die Leine ja inzwischen ausschließlich als Begrenzung und nicht mehr als Kommunikationsmittel – also ist es kein Unterschied, ob eine Strippe an dem Hund hängt oder nicht. Ist die Leine allerdings gestrafft, weil ihr Hund irgendetwas da vorne wahnsinnig wichtig findet, bleiben Sie stehen und zeigen mit Ihren Schultern ganz stur in die Richtung, in die Sie möchten, bis Ihr Hund nachgibt und sich an Ihnen orientiert.

Führen Sie den Hund mit Ihrer Körpersprache, als wäre keine Leine an ihm befestigt.

RUHE UND PAUSEN IN DEN SPAZIERGANG INTEGRIEREN

Die meisten von uns starten einen Spaziergang mit straffen Schritten. Wir wollen »Strecke machen«, damit der Hund ausgepowert und müde ist, denn wir haben alle gelernt, dass Hunde irre viel Bewegung brauchen, dazu Beschäftigung – also wird der Spaziergang noch mit Frisbeewerfen, Ballspielen, Dummysuche, Fährtenarbeit und ähnlichem Unterhaltungsprogramm »aufgepeppt«.

Das Ergebnis ist, dass unsere Hunde meistens schon darauf konditioniert sind, dass Spaziergang Action bedeutet. Also bellen sie aufgeregt im Treppenhaus auf dem Weg zur Haustür, ziehen die ersten 500 Meter an der Leine, als wären sie ein Kutschpferd, brüllen im Vorbeigehen noch einen harmlosen Radfahrer an, rasen im Schweinsgalopp im Zickzack über die Wiese und sind vor lauter Adrenalin kaum ansprechbar.

Das ist schlecht für alle »Sonderreize« wie Kinderwägen, Skateboarder, Fahrräder, Jogger oder Leute mit Schlapphüten (ganz zu schweigen von Wildschweinen, Kaninchen etc.), die Hund und Herr auf ihrem Weg begegnen, denn der Hund kann nicht gelassen und entspannt auf sie reagieren, wenn sein Adrenalinspiegel einer vollen Regentonne gleicht.

Das Zauberwort lautet *Ruhe*. Legen Sie gleich mal eine Pause an, genießen Sie die Natur, die Bäume, die Ruhe, den See oder die Graffiti auf dem Bauzaun, atmen Sie durch. Für Hunde ist es nicht immer wichtig, beschäftigt zu werden – häufig ist es für sie nur wichtig, bei uns sein zu dürfen. Die meisten Hunde schätzen Zweisamkeit und Ruhe viel mehr als Action und Kindergeburtstagsstimmung auf der Hundewiese. Probieren Sie es aus und beobachten Sie, wie sich Ihr Hund verändert und mehr auf Sie achtet, Ihnen zugewandter wird, weil er nicht ständig »nach außen« gedrängt wird, sondern Ihre Gesellschaft genießen darf. Drosseln Sie Ihr Tempo, gehen Sie langsamer, trödeln Sie. Auch wenn es Sie anfangs wahrscheinlich wahnsinnig macht, weil Sie gewohnt sind, mit großen Schritten durch die Welt zu gehen: Wer weiß, vielleicht bekommen Sie ja plötzlich einen Blick für die kleinen Dinge im Leben, die Vögel, die Falter, die Mäusespuren im Schnee? Achten Sie auf die Reaktion Ihres Hundes, wenn Sie ab jetzt viel langsamer gehen: Sie werden sich wundern.

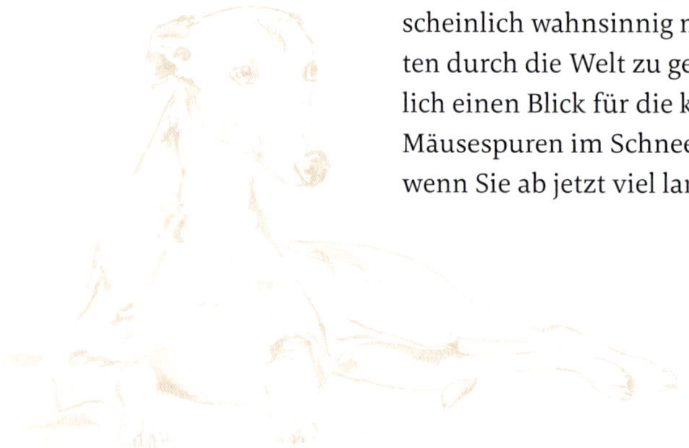

Wenn Sie mehr Pausen und Ruhe in den Spaziergang bringen, hat Ihr Hund mehr Zeit, auf Sie zu achten.

ÜBUNG: MENSCHEN UND OBJEKTE IGNORIEREN

Ziel der Übung ist es, dass der Hund entspannt auf die verschiedensten beweglichen Objekte in seinem Blickwinkel reagiert.

Diese Übung erfordert ein wenig Mut, weil man erst einmal das Gefühl hat, die Kontrolle jetzt völlig aufzugeben. In Wirklichkeit aber übernimmt man erst durch klare Führung die Kontrolle, indem man das Verhalten des Hundes auf eine ganz neue Weise in eine andere Richtung, nämlich die von uns gewollte, lenkt.
Viele Welpen oder Junghunde rennen aus vermeintlicher Sensationslust hinter jedem Fahrrad oder Jogger her, um ihn überschwänglich zu begrüßen – oder aber sie bellen ihn an, weil das Auftauchen eines Joggers, Kinderwagens, Mannes mit Hut etc. ihnen die Haare zu Berge stehen lässt, weil sie sich gerade in ihrer Fremdel- oder »Gruselphase« befinden. Damit sich ein solches Verhalten nicht festsetzt, also zum Ritual wird, müssen sie von uns gezeigt bekommen, dass es noch andere Möglichkeiten gibt, wie man mit solchen Situationen umgeht.

Hunde haben eine andere Vorstellung vom »Wegerecht« als wir. Menschen sind es gewohnt, sich auf schmalen Wegen aufeinander zuzubewegen, ohne dass wir zu dem, der uns entgegenkommt, Kontakt aufnehmen. Hunden stellt sich eine solche Situation anders da: Wer direkt auf sie zumarschiert oder -fährt, der will sie kennenlernen. Wenn das herannahende Objekt auf einen Hund sympathisch wirkt, wird er es entsprechend begrüßen, wenn es ihm komisch vorkommt, wird er bellen und verlangen, dass es gefälligst eine höhere Individualdistanz einhält.

Vorbild werden

Wenn der Hund uns beobachtet und sieht, dass wir direkt auf diese andere Person zugehen, dann vermitteln wir ihm damit, dass wir Interesse an dieser Person haben und die Sache auschecken. Entsprechend wird der Hund vorlaufen und seinerseits diese Person genauer betrachten und je nach Sympathie entweder anspringen oder anbellen. Er macht das, weil wir ihm mit unserem menschlichen Verhalten suggerieren, dass wir Interesse an der Person oder der Sache haben, nur deshalb fällt er in dieses Verhalten, das wir nicht mögen.
Überlegen Sie sich also, was der Hund stattdessen machen soll. Schön wäre es doch, er würde die entgegenkommende Person einfach ignorieren und entspannt seines Weges gehen.

Weil wir als Anführer unserer Hunde ihr Vorbild sein sollen, müssen wir unserem Hund zeigen, wie er sich verhalten soll und dass es in dieser menschlichen Welt auch andere Optionen gibt: einen Bogen machen und nicht direkt auf dem Weg bleiben zum Beispiel, oder die Störenfriede einfach ignorieren. Am besten übt man in Gegenden, wo man den Weg auch verlassen kann oder einen Bogen laufen kann.

Gemeinsam ignorieren

In dem Augenblick, in dem der Hund einen Reiz wahrnimmt, müssen wir bereits reagieren – und nicht erst dann, wenn besagter Reiz (der Jogger, der Radfahrer, der Kinderwagen, der Mann mit Schlapphut) bereits in der Nähe ist. Das heißt: In dem Moment, in dem der Hund die betreffende Person wahrnimmt, wende ich meinen Blick ab – am besten auf den Boden –, drehe meine Schultern weg vom »Zielobjekt« und gehe einen großen Bogen, um nicht direkt auf das Ding/die Person zuzugehen: Damit zeige ich dem Hund, dass es durchaus die Möglichkeit gibt, dem Ganzen aus dem Weg zu gehen. Anfangs darf der Bogen ruhig sehr groß ausfallen, wobei man ihn von Mal zu Mal verkleinern kann, je entspannter der Hund wird. Die Geschwindigkeit, mit der ich mich bewege, ist in etwa mit dem Tempo zu vergleichen, mit dem man Pilze sucht oder seinen Schlüssel (nur ohne Schweißausbrüche und Panik). Während ich also sehr langsam gehe, schaue ich weder zum Radfahrer noch zum Hund, sondern zähle möglichst Kieselsteine oder Ameisen, um meine Aufmerksamkeit wirklich von der Situation da vorne wegzuhalten, und sage auch kein Wort.

Beim allerersten Mal wird der Hund noch in gewohnter Manier auf das Zielobjekt zulaufen – aber schon leicht verunsichert sein, weil er uns buchstäblich nicht mehr als Rückendeckung hat. Beim zweiten Mal wird seine Zielstrebigkeit schon deutlich nachlassen, vielleicht läuft er noch ein paar Schritte in Richtung Zielobjekt und/oder bellt ein- oder zweimal eher unmotiviert. Beim dritten oder vierten Mal wird er wahrscheinlich mit uns zusammen Kiesel zählen. Nach einer Woche, in der Sie sich zuverlässig so verhalten haben, wird Ihr Hund keine Anstalten mehr machen, sich um Fremde zu kümmern.

An der Leine funktioniert diese Übung ganz ähnlich: Sie müssen mit Ihrem Hund rechtzeitig die Kurve kriegen, bevor sein Adrenalin sich erhöht. Gehen Sie an den äußersten Rand der Situation, ohne das »Reizobjekt« anzusehen, und fangen Sie an, dort mit abgewandten Schultern Gänseblümchen zu zählen.

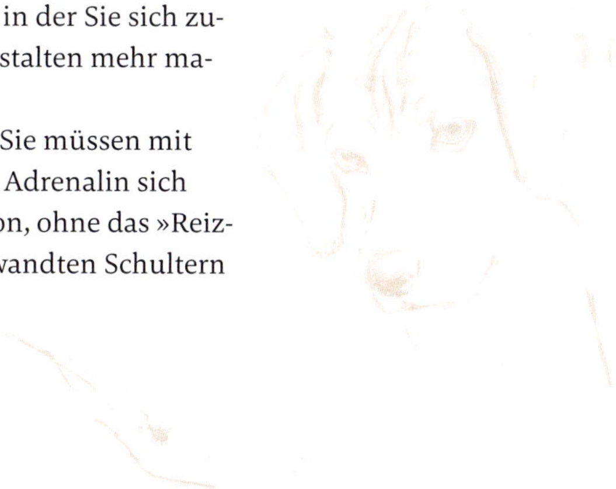

ÜBUNG: STIMMUNG VERÄNDERN

Ziel der Übung ist es, dass der Hund entspannt mit jagdlichen Reizen umgeht.

Wenn Ihr Hund sich aufregt, weil eine Katze über die Straße rennt (oder – unerhört! – irgendwo sitzt und sich putzt), oder weil er von Weitem einen liebgewonnen Hundefeind entdeckt, bleiben Sie stehen, wenden Ihre Schultern weg vom Feindbild und machen – nichts weiter. Denken Sie an das Langweiligste, was Ihnen einfällt (die Erinnerung an irgendeine besonders langweilige Hochzeitsrede könnte helfen, oder eine idiotische Teewurst-Werbung). Wenn Ihr Hund von Ihnen keine Bestätigung seiner Aufregung bekommt, wird das Ganze gleich viel weniger wichtig (das kennen Sie vielleicht auch von Ihrer Schwiegermutter). Warten Sie ab, bis er wieder »runterkommt«, bevor Sie weitergehen: Wenn Sie nämlich erst dann diese Stelle verlassen, wenn der Hund wieder entspannt ist, dann nimmt er diesen letzten Eindruck von diesem Ort mit: Ruhe. Der letzte Eindruck zählt immer mehr als der erste Eindruck, was bedeutet, er wird nächstes Mal, wenn Sie dort vorbeigehen, nicht sofort wieder in die Aufregung von neulich verfallen.
Wenn Sie regelmäßig Katzen, Rehen oder vermeintlich feindlichen Hunden begegnen, lohnt sich diese Übung auch. Wenn Sie derlei allerdings nur ein- bis zweimal im Jahr begegnen, wird es schwierig, für dieses Verhalten eine Generalisierung zu schaffen.

NOTIZ AM RANDE

Für einen Hund zählt der letzte Eindruck viel mehr als der erste.

Sobald Ihr Hund sich an einem Reiz „festguckt", drehen Sie Ihre Schultern weg und denken an etwas unglaublich Langweiliges, um Ihre Aufmerksamkeit gezielt von dem Reiz wegzulenken.

Ruhig hinsehen ist ok, hinrennen und die Schwäne anbellen nicht.

AUCH EINE SACHE DER FÜHRUNG: KLARE KOMMANDOS GEBEN

Wenn man ein Kommando gibt, sollte man es natürlich deutlich aussprechen, in neutralem, freundlichem, aber bestimmtem Tonfall.
Der Einsatz der Stimme (Tonfall und Tonhöhe) ist sehr wichtig bei der Kommando-Gebung, denn die Stimme kann darüber entscheiden, ob der Hund beschließt, zu kommen – oder lieber nicht.
Nicht selten entspricht die innere Haltung des Rufers z. B. nicht dem, was wir dem Hund abverlangen: Es macht nicht den geringsten Sinn, ein Kommando auszusprechen, wenn Sie eigentlich glauben, der Hund »kommt jetzt sowieso nicht« – denn das wird er aus Ihrem Tonfall heraushören und Ihrer Vorstellung entsprechen.
Ein Kommando ist niemals eine Frage, sondern eine Aufforderung. Und der Hund gehorcht übrigens auch nicht besser, je lauter man brüllt – Hunde haben ein hervorragendes Gehör und fühlen sich von lautem Geschrei eher bedroht.

»Lassen Sie ein Kommando wie eine Einladung klingen und nicht wie eine Ausladung.«

Sehr häufig wird das Kommando auch so übermotivierend ausgesprochen, dass es sich anhört wie eine Spielaufforderung, aber nicht wie ein Kommando, das wirklich ausgeführt werden soll. Wenn man außerdem immer mit einem hohen, eher aufgeregten Ton arbeitet, steigert man damit auch seine Stimmung. Die Stimme sollte zwar immer wie eine Einladung klingen, aber nicht wie eine Einladung zum Kindergeburtstag.
Aber natürlich auch nicht wie eine Ausladung – man hört häufig ein mit barscher Stimme gerufenes »Hiiiier!«, bei dem man sogar als Nichtbetroffener am liebsten gleich das Weite suchen möchte – und tatsächlich sieht man, wie der angesprochene Hund auf diesen Ruf automatisch beschwichtigt: Er kommt nur ganz langsam und zögerlich, vermeidet Bilckkontakt, macht vielleicht einen Bogen – und genau das ist es ja, was wir nicht gebrauchen können, denn wir möchten, dass er schnell und direkt zu uns kommt, wenn wir ihn rufen, und nicht erst später, weil er glaubt, er müsse unsere Stimmung erst besänftigen.
Im Notfall üben Sie die Stimmlage einmal mit einem Bekannten oder Sie zeichnen sich mit dem Telefon selbst auf. Klingen Sie einladend.

FREILAUF IM PARK

Wenn Sie überzeugt sind, der Hund »hört jetzt sowieso nicht«, dann behalten Sie das Kommando für sich. Brüllen bringt nichts – der Hund gehorcht dann nicht besser.

Hunde im Park frei laufen zu lassen kann zu einem echten Spießrutenlauf für den Menschen werden, weil manche Hunde den Spaziergang wie eine Art Wurstbude betrachten, um sich ihr zweites Frühstück zu organisieren. Es liegen Schulbrote herum, in den Büschen haben sich Jogger oder Leute während ihrer Grill-Gelage erleichtert – wir wollen hier nicht weiter ins Detail gehen, um kein unnötiges Kopfkino zu starten.

Die meisten Dinge, die Hunde im Park finden und fressen können, sind zwar widerlich, aber nicht gefährlich. In Wirklichkeit ist das Fressen von Fäkalien, Müll und Aas etwas ganz Normales für Hunde und etwas, wovon Straßenhunde sich seit Jahrhunderten ernähren – es ist ein Verhalten, das zu dieser Tierart gehört. Unsere Großväter hielten es für gesund, wenn ihre Hunde Pferdeäpfel fraßen (»gutes unverdautes Grünzeug!«), niemand machte sich auch nur die geringsten Gedanken über Schafs-, Reh- oder Hasenköttel, die so etwas wie die M&Ms der Hundewelt zu sein scheinen. Seit unsere Hunde aber Bett und Sofa mit uns teilen und uns als unser besseres Ich erscheinen, und uns auf Autofahrten gerne mal herzhaft ins Ohr rülpsen, möchten wir derlei Dinge unbedingt vermeiden.

Es ist unmöglich, Ihrem Hund beizubringen, unterwegs nie wieder irgendetwas Essbares aufzunehmen, außer Sie arbeiten mit massiven aversiven Mitteln – aber damit können wir Ihnen nicht weiterhelfen, denn das Ergebnis einer solchen Erziehung möchten wir nicht sehen müssen. Die einzige Chance, die Sie haben, ist, dem Aufnehmen von Unrat keine besondere Aufmerksamkeit zu schenken. Tatsache ist nämlich: Je weniger wichtig ein Objekt für alle anderen ist, desto uninteressanter wird es für unseren Hund – das ist wie in der freien Marktwirtschaft. Rennen wir hinter dem Hund her, reißen ihm die »Beute« weg oder greifen gar in sein Maul, um das Gruseldings wieder herauszuholen, wird er selbstverständlich auf die Idee kommen, dass wir ihm *die Beute streitig machen* wollen, weil wir sie selber haben wollen. Je höher das Interesse an dem, was einer hat, desto stärker steigt dessen Wert. In Zukunft wird er noch viel schneller nach diesen Dingen suchen und sie viel schneller herunterschlucken – auch Dinge, die er normalerweise vielleicht gar nicht schlucken würde, aber er sieht ja schon von Weitem, dass wir schon wieder so komisch gucken, dann kann es sich ja nur um etwas Interessantes handeln.

Stattdessen kommt wieder unser Lieblings-Kommando »Weiter!« ins Spiel. Wenn Ihr Hund bei einem Haufen Pferdeäpfel hängen bleibt, rufen Sie einfach »Weiter!« – wobei Ihnen scheinbar völlig schnuppe ist, ob Ihr Hund Pferdeäpfel im Maul hat oder nicht. Zeigt Ihr Hund also an irgendeinem Haufen aus etwas, das Ihnen nicht passt, Interesse, rufen Sie »Fifi, weiter« – und fertig. Sie sollen sich nicht mit Pferdeäpfeln etc. beschäftigen, Ihnen geht es nur darum, dass er das Kommando befolgt.
Bei sehr jungen Hunden kann es auch sehr wirksam sein, ihnen Tauschgeschäfte beizubringen: Welpen nehmen ja sowieso alles ins Maul, was nicht angewachsen ist (und manchmal sogar das), sodass man »Tauschen« fabelhaft üben kann. Winnie, der Labrador von Ingas Mann, war als Welpe

so überwältigt von dem Plüschtierangebot der fast gleichaltrigen Tochter, dass er deshalb ungefähr 40-mal am Tag zu Tauschgeschäften aufgefordert wurde, weshalb er heutzutage tauscht, ohne auch nur mit der Wimper zu zucken.

Tatsache ist: Je mehr Angst man vor etwas hat, desto mehr Aufmerksamkeit legt man darauf – und das zieht genau die Dinge an, die man vermeiden möchte. Man geht sozusagen nicht mehr mit seinem Hund spazieren, sondern mit seiner Angst. Ängste sind wie eine gefärbte Linse: Man sieht alles durch diese Scheibe gefärbt – und übersieht dabei völlig, was der Hund tatsächlich tut. Zum Beispiel dass er in den letzten zehn Minuten 21-mal Blickkontakt aufgenommen hat, oder dass er jedes Mal sofort gekommen ist, wenn er gerufen wurde. Wenn man sich eigentlich vor fremden Hunden fürchtet, sieht man nur einen großen grauen, gefährlich bellenden Hund – und sieht nicht, dass der andere Hund mit seiner ganzen Köpersprache anzeigt, dass er nur Angst vor uns hat.

Angst ist ein schlechter Anführer, weil sie verhindert, dass man in »brenzligen« Situationen souverän handelt – man erschreckt sich vor einem Fahrrad, hat gleichzeitig Angst, dass der Hund besagtes Fahrrad gleich jagt, man schreit »Bello, hiiiiiier!« – dabei hat man doch seit Monaten an »Zu mir!« gearbeitet. Der Hund hat keine Ahnung, was man von ihm will, hört nur das Entsetzen in der Stimme und schnappt sich das feindliche Fahrrad, das der Auslöser für Ihren Schrecken war. Und Sie sehen sich wiederum bestätigt in Ihrer Angst.

»Angst überträgt sich wie Stress und Gereiztheit auf Ihren Hund. Versuchen Sie, sich eine gelassene Grundstimmung anzueignen.«

Üben Sie Gelassenheit. Legen Sie keine Aufmerksamkeit auf tote Mäuse, Kuhfladen, Schulbrote etc. Machen Sie von Anfang an und immer wieder zwischendurch freundliche Tauschgeschäfte – dann wird Ihr Hund immer kommen und Ihnen das abgeben, was er gerade herumträgt. Spielen Sie bestimmte Situationen vorher, sozusagen »auf dem Trockenen« im Kopf durch, damit Sie auch in Stresssituationen Ihr eigenes Verhalten wieder retten können.

Es ist tatsächlich eine wichtige Entscheidung, ob man seine Angst behalten oder abgeben möchte, so, wie es auch die eigene Entscheidung ist, ob man seine Schuhe im Bett anbehält oder nicht. Die Angst abzugeben erfordert nur ein bisschen mehr Arbeit.

DIE JAGD-SPEZIALISTEN

So geht's zu im Wald

DER JAGDHUND IN DER GESCHICHTE

Die meisten von uns betrachten ihre Hunde als Freunde und Familienmitglieder und vergessen leicht, dass sie ursprünglich aus ganz bestimmten Gründen für ganz bestimmte Aufgaben gezüchtet wurden und diese Instinkte bis heute vorhanden sind.

Jahrhundertelang galt die Fähigkeit der jeweiligen Hunderassen als wichtiger als deren Aussehen. Selbst nach der Erfindung von Hundeausstellungen im viktorianischen Zeitalter war es für die meisten Hunde-Enthusiasten noch immer wichtiger, wenn der Hund seinen instinktiven Jagdfähigkeiten folgte, als die Länge seiner Befederung. Ihre Fähigkeiten sind gleichzeitig ihre Möglichkeiten und genetisch sozusagen eingebrannt. Wir Menschen müssen nicht nur die Unterschiede und Bedürfnisse von Hunden im Allgemeinen kennen und verstehen, um mit ihnen effektiv und artgerecht zusammenarbeiten zu können – wir müssen auch die Unterschiede zwischen den Jagdhunderassen verstehen und wertschätzen, um ihnen in der Erziehung entgegenzukommen und sie entsprechend ihres Wesens trainieren zu können. Das bedeutet: Mit Hunden unterschiedlicher Rassezugehörigkeit muss unterschiedlich gearbeitet werden. Manche Übungen sind mit manchen Rassen leichter als mit anderen, weshalb man sich für bestimmte Hundegruppen unterschiedliche Übungsstrategien zulegen muss, damit man in absehbarer Zeit zum Ziel kommt. Tatsächlich läßt sich das Verhalten von Jagdhunden nach ihren Jagdstrategien einteilen – sogar an ihrer Anatomie kann man erkennen, für welche Art der Jagd sie überhaupt eingesetzt wurden.

Der Weimaraner ist ein Sondermodell unter den Vorstehhunden.

Seit der Mensch vor vielen, vielen Jahrtausenden auf den Hund kam, jagte er gemeinsam mit dem Hund. Weil die Menschen nur Kurzwaffen wie Axt, Steine und Steinschleudern und Speere besaßen, diente ihnen der Hund auch als Waffe: Der Mensch brauchte den Hund, um überhaupt nahe genug an die Beute heranzukommen.
Die Eingeborenen auf Borneo arbeiten übrigens bis heute noch so mit einer Basenji-ähnlichen Rasse, sogenannten Pariahunden. Sie werden dafür ausgesprochen geschätzt: Vor der Jagd werden diese Hunde richtig durchmassiert, damit die Muskeln schön weich und geschmeidig sind (und möglicherweise auch, um sie an ihre gute Beziehung zu ihren Menschen zu erinnern). Anschließend werden acht bis zwölf Hunde in ein Kanu gepackt, mit denen die Jäger dann zu zweit lospaddeln, um auf die Jagd nach Stachel- oder Wildschweinen zu gehen. Die Hunde kennen nur zwei Kommandos – »Auf zur Jagd!« und »Hier sind wir!«, damit die Hunde ihnen das Wild zutreiben.

HUNDE IM JAGDEINSATZ

Solange es in Europa noch keine Schusswaffen gab, wurde im Mittelalter üblicherweise mit einer Meute gejagt. Es wurden dabei ganz unterschiedliche Meuten für die unterschiedlichen Großwildjagden eingesetzt – sozusagen als eine eigene Wissenschaft für sich. Wer Hunde hielt, war hoch

DIE JAGDHUNDE FÜR DIE ARBEIT VOR DEM SCHUSS

Für die Arbeit vor dem Schuss gab es die Auswahl aus Vorstehhunden, Bracken, Terriern und Stöberhunden: Sie sollten den Jäger dabei unterstützen, überhaupt Wild vor die Flinte zu bekommen. Letztere stöbern in Gebüsch, Feld und Schilf jegliches Wild auf, um was es sich dabei handelt, ist ihnen dabei ziemlich egal. Vorstehhunde suchen meistens auf weitem Feld mit hoher Nase und stöbern zumeist Federwild auf. Bracken gehen meistens auf Haarwild und lassen Vögel links liegen. Die Bracken suchen in einem Bereich von ein bis fünf Kilometern nach Haarwild und treiben es in Richtung Mensch.

Der englische Rassen-Historiker Hugh Dalziel schrieb in seinem bedeutenden Jagdhundebuch »*British Dogs – Their Varieties, History, Characteristics, Breeding, Management and Exhibition*« von 1879 über die bis dato existierenden britischen Jagdhunderassen und teilte sie in Gruppen auf, in denen er ihre besonderen Jagd-Stile beschrieb – jene, die historisch nicht besonders eng mit dem Menschen zusammenarbeiteten und die erjagte Beute gewöhnlich selbstständig töteten wie die Wind- und Erdhunde, deren Temperament und Verhalten ganz anders ist als das der Rassen, die zur engen Zusammenarbeit mit dem Menschen selektiert worden waren. Andere waren dafür gezüchtet worden, die Beute über ihren Geruch aufzuspüren, wie Schweißhunde, Beagle, Bassetts, der relativ junge Catahoula Leopard Dog, der bis heute für die Jagd auf Bären eingesetzt wird. Alle diese Hunderassen werden zumeist in Gruppen geführt und verständigen sich eher untereinander, als Kommandos vom Menschen abzuwarten. Auch diese Hunde sind entsprechend selbstständig, mit einer ganz anderen Persönlichkeit als etwa Retriever oder Münsterländer. Deren Jäger nutzen das Gewehr, um das Wild zu töten, das der Hund anschließend zu ihnen bringt.

Alle Jagdhundrassen für die Arbeit *vor* dem Schuss wurden also so selektiert, dass für sie das Leinenlos im Grunde gleichbedeutend ist mit selbstständigem, jagdlichem Arbeiten. Alle diese Rassen haben naturgemäß einen höheren Radius als die Hunde für die Arbeit *nach* dem Schuss, die ja auf den Menschen und dessen Anweisungen warten müssen. Das bedeutet: Wenn man Hunde dieser Rassen frei laufen lässt, werden sie sich entsprechend ihrer ursprünglichen Aufgaben verhalten. Ein großer Radius gehört sozusagen zu diesen Hunden dazu wie ihre Ohren – es sei denn, man trainiert sie anders.

angesehen. Um ein Hundeführer zu werden, musste man eine vierzehn Jahre dauernde Lehre absolvieren, bis man den Umgang mit Hunden und die verschiedenen Hornsignale beherrschte – erst danach konnte man bei Hofe in den Dienst gestellt werden.

Hundemeuten wurden gewöhnlich aus drei verschiedenen Schlägen zusammengesetzt: aus Laufhunden, die das Wild aufspürten und die Windhund-artigen Hunde auf Spur brachten, die wiederum für die Hatz eingesetzt wurden, weil sie sehr schnell waren und das Wild schnell müde machen konnten. Zu guter Letzt dann die Packer, schwerere Hunde mit kurzen, breiten Schnauzen mit extrem starken Kiefern, die das Wild niederreißen konnten und eben die Waffen ersetzten. Ähnlich geht man in Argentinien bis heute auf die Wildschweinjagd: Mit einer Meute aus Laufhunden und Dogo Argentinos als Packer – denn Packer sollten möglichst immer weiß sein, weil man Wildschweine meistens in der Dämmerung jagt, und so kann man die Hunde auch im Dunkeln von den Wildschweinen unterscheiden.

»Alle Jagdhundrassen für die Arbeit vor dem Schuss wurden so selektiert, dass sie ausgesprochen selbstständig arbeiten können.«

DAS ENDE DER »STILLEN« JAGD

Nach Aufgabe der so genannten »stillen Jagd« – also der Jagd ohne Gewehr – in Europa änderte sich der Aufgabenbereich der Jagdhunde vollständig. Mit dem Gebrauch von Schusswaffen ergab sich ein ganz neuer Einsatzbereich für Jagdhunde, der sich in zwei Bereiche aufteilte: in die Arbeit vor dem Schuss und die Arbeit nach dem Schuss.

TERRIER UND DACKEL

Die Terrier wurden für die Arbeit unter der Erde gezüchtet (Terra = lateinisch und bedeutet Erde) wie auch die Dackel (eigentlich: Dachshund). Bis heute werden sie noch immer dafür eingesetzt: Sie sollen Raubzeug wie Fuchs, Dachs, Marder oder Iltis aus dem Bau sprengen und vernichten. Raubzeugschärfe ist bei diesen Rassen erwünscht, genau wie das selbstständige Arbeiten ohne die Hilfe des Menschen, aber *für* ihn.
Terrier haben oft eine sehr hohe Grundenergie und schütten in bestimmten Situationen sehr schnell sehr viel Adrenalin aus. Sie lassen sich durch ihre hohe Jagdpassion bei der Arbeit mit dem Menschen gerne ablenken. Bei der Erziehung ist es extrem wichtig, ihnen klare Grenzen zu setzen,

wobei von Druck und Starkzwang dringend abzuraten ist: Das erhöht ihren Stresslevel und führt wiederum zu noch intensiverem Jagdverhalten. Sie finden das ständige Wiederholungen beim Aufbau von neuen Kommandos völlig sinnlos und möchten nicht auf diese Weise gelangweilt werden. Wenn die Arbeitsatmosphäre dagegen lustig, abwechslungsreich und harmonisch ist, arbeiten sie gerne und lernen sehr schnell.

Dackel sind aufgrund ihrer Bodennähe auch hervorragend auf der Spur, wenn man sie darauf trainiert. Sie stammen ebenfalls von Schweißhunden ab, was bedeutet, dass sie sehr selbstständig arbeiten (es gibt Dackel, die schon mit 16 Wochen sehr weit eine Spur verfolgen, wie auch St.-Hubertus-Hunde: Das ist kein soziales Fehlverhalten, sondern eine hohe Konzentrationsfähigkeit, kombiniert mit extrem hoher Jagdpassion, die sie die Welt um sich herum vergessen lässt). Dackel haben eine sehr gute Beziehung zu ihrem Menschen und sind eigentlich sehr leichtführig – allerdings muss man sie sehr sanft führen, mit Druck braucht man Dackeln nicht zu kommen. Das kann man sogar sehen: Je mehr Druck sie bekommen, desto mehr fliehen sie in die Welt, die ihnen vertraut ist – das ist die Nasenarbeit. Erzieht man Dackel also mit zu viel Druck, gehen sie einfach jagen, um dem Menschen zu entkommen. Mit zu viel Druck treibt man diese Hunde also eher vom Menschen weg.

WINDHUNDE

Windhunde haben einen aerodynamischen, windschnittigen Körperbau mit langen Beinen, wenig Gewicht. Auf kurzen, geraden Strecken können sie eine Geschwindigkeit bis zu 60 km/h erreichen, wobei sie alle Kurzsprinter sind, also keine ausdauernden Laufhunde. Windhunde können nicht vier Stunden rennen – dafür müsste ihr Körper quadratischer sein. Für dauerhaftes Rennen sind sie schlicht zu langbeinig. Windhunde sind bis heute wildscharf (sofern sie nicht aus ausgesprochenen Show-Linien stammen), denn darauf wurden sie selektiert. Sie jagen hauptsächlich auf Sicht – was nicht bedeutet, dass nicht auch ein Galgo oder ein Sloughi mal eine Spur oder eine Witterung aufnimmt oder etwas hört und aufgrund dessen im Wald verschwindet und jagen geht. Immerhin stammen alle diese Rassen von den Hunden ab, die früher als Waffenersatz galten und in Spanien ja bis heute das Wild eigenständig erlegen.
Dementsprechend sind Windhunde nicht für die Arbeit »vor dem Schuss« geeignet: Sie machen die Arbeit *statt* dem Schuss. Sie sind effektive Jäger und jagen eigentlich nur, wenn sie wissen, dass sie etwas erwischen

können (außer pubertäre Junghunde, die – wie alle Säugetiere – Meister darin sind, ihre Energie nach Kräften zu verschwenden). In ihrer Freizeit sind sie sehr ruhig und benötigen auch viele Ruhephasen, sie laufen immer in der Nähe des Besitzers und orientieren sich stark an ihm. Wenn sie etwas Jagbares sehen, ist der Reiz, jagen zu gehen, geradezu reflexhaft.

Wie alle Hunde, die dafür gezüchtet wurden, effektiv und selbstständig zu jagen und Beute zu machen, sind sie ausgesprochen effizient in ihrer Arbeit und sehen keinerlei Sinn darin, Übungen ständig zu wiederholen. Man muss mit ihnen sehr respektvoll umgehen, wenn man etwas erreichen möchte. Das bedeutet, man zeigt ihnen ein neues Kommando oder eine neue Verhaltensweise, wartet etwas ab, indem man den Spaziergang ganz entspannt fortsetzt – um etwas später die neue Übung noch einmal abzufragen. Auf einem einstündigen Spaziergang könnte man sie mit erzieherischen Dingen vielleicht fünfmal ansprechen.

»Windhunde sind ausgesprochen effektive Jäger, die ihre Beute gewöhnlich auch erwischen.«

LAUF- UND SCHWEISSHUNDE, BEAGLE UND DACHSBRACKEN

Die Laufhunde sind wie die Windhunde schon viele Jahrhunderte alt – es gab sie sozusagen »schon immer«: Ihre Anatomie ist quadratisch, praktisch, gut, nichts an ihnen ist zu schwer, zu lang oder übertrieben. Das erlaubt ihnen, sehr agil zu sein und sogar vier, fünf Stunden am Stück zu laufen – und das auch gut zu verkraften.

Alle Laufhundrassen haben Schlappohren und die brackenartigen dazu eine weiße Schwanzspitze. Ihr Radius ist sehr weit, weil sie das Wild so lange suchen, bis sie es gefunden haben: Das kann ein Kilometer sein oder auch fünf. Die Laufhundrassen suchen grundsätzlich laut, mit Spur- und Sichtlaut – anhand des »Geläuts«, wie man das Gebell der Laufhunde nennt, kann ein erfahrener Hundeführer sogar hören, welche Sorte Wild der Hund verfolgt. Vor allem aber kann der Jäger hören, wo der Hund mit dem Wild ist, denn die Bracke soll das Wild aufstöbern und auf den Jäger zutreiben, dabei aber immer mit einem gewissen Abstand, damit der Hund beim Schuss keine Streusalve abbekommt. Daher haben Laufhunde auch keine »echte« Wildschärfe, denn sie werden ja explizit auf Abstand zum Wild selektiert. Dafür verfügen alle diese Rassen über eine sehr hohe soziale Toleranz und haben ein sehr gutes Sozialverhalten untereinander. Auch ihre Körper- und Individualdistanz ist niedrig, was in ihrer früheren Haltung begründet ist: Gewöhnlich wurden diese Rassen in großen Gruppen aus 30, 40 Hunden in Scheunen oder Ställen gehalten. Bei der Jagd sollen alle möglichst gleich schnell sein und im Pulk zusammenbleiben. Wer ein abweichendes Sozialverhalten zeigt, wird ganz schnell aussortiert. In manchen Gegenden wird es sogar bis heute noch so gehalten oder praktiziert.

Auf dem Spaziergang sind sie grundsätzlich effektive, selbstständige Jäger, auch wenn es ihnen nicht darum geht, tatsächlich Beute zu machen. Sie wollen die Beute nicht töten, aber immerhin ausfindig machen, denn das steckt seit Jahrhunderten in ihren Genen. Es ist durchaus möglich, einem Beagle oder einer Bracke beizubringen, ohne Leine zu laufen, aber das

Der sehr widerstandsfähige Segugio Italiano ist ein bei uns nur selten vorkommender italienischer Laufhund, der vor allem für die Jagd auf Hase und Wildschwein eingesetzt wird.

dauert etwas länger, weil man ihnen ein völlig neues Verhalten beibringen muss – etwas, das in ihrem Kopf gar nicht vorgesehen ist. Tatsächlich muss man bei diesen Hunden mit einem halben oder sogar einem ganzen Jahr rechnen, je nachdem, wie alt der Hund ist und wie seine bisherigen Erfahrungen waren.
Auch Bracken darf man nicht mit ständigen Wiederholungen langweilen. Sie sind keine großen Schwimmer oder Apportierer, obwohl man ihnen das alles durchaus beibringen kann – aber wenn sie etwas in der Nase haben, sind sie nur schwer abzurufen.

»Bracken und Schweißhunde sind im Grunde eine hervorragende Nase mit Hund hinten dran.«

Die Schweißhunde nehmen die Spur auf vom Anschuss bis hin zum verendeten Wild und führen den Jäger dort hin. Diese Hunde haben die Begeisterung, gemeinsam ihren Nasen zu folgen. Manche Schweißhunde sind sozusagen eine Nase mit einem Hund hinten dran. Sie arbeiten fast grundsätzlich mit tiefer Nase, weil sie eher Spuren suchen als eine Witterung aufnehmen. Und wenn sie eine Spur haben, ist es sehr schwer, die Ohren zu erreichen. Pfiffe gelangen bei ihnen besser ins Gehirn als Rufen, das wird bei den Schlappohren irgendwie anders sortiert. Je länger die Ohren, so heißt es, desto besser die Nase, denn die langen Ohren fungieren als eine Art »Geruchs-Trichter«.
Je schlabberiger sie außerdem gezüchtet wurden, desto mehr Speichel sondern sie aus, womit die Nasenschleimhäute feucht gehalten werden: So können diese Hunde über Kilometer einer Spur folgen, ohne alle 100 Meter etwas trinken zu müssen.

VORSTEHHUNDE

Vorstehhunde wurden für die Arbeit vor dem Schuss gezüchtet, um Hühnervögel aufzufinden, und so haben Setter, Pointer und Spaniel viel mehr Interesse an Federwild als an Haarwild. Die eigentliche Vorstehjagd sieht folgendermaßen aus: Man läßt zwei Hunde laufen, die ein größeres Gebiet absuchen sollen, in dem es Bodenbrüter gibt wie Fasane, Rebhühner oder Wachteln. Diese Vögel laufen eher nicht von A nach B, müssen also über Witterung gefunden werden, weshalb diese Hunde mit sogenannter »hoher Nase« jagen. Diese Hunde sollen in die Nähe der Vögel gehen und sie anzeigen – und einfach dort verharren. Wenn das Huhn sich bewegt, dürfen sie ihm ganz langsam nachgehen, es allerdings nicht

packen oder aufscheuchen. Sie sind eine lebende Markierung für den Jäger. Der Jäger seinerseits tritt das Huhn aus der Deckung. Wenn es hochfliegt, wird es mit der Schrotflinte geschossen. Wenn es dann landet und der Jäger das Kommando gibt, darf der Hund es auch apportieren. Das bedeutet, diese Hunde dürfen nicht das Federwild selbstständig herausscheuchen. Es gibt nicht mehr viele Jäger, die mit Vorstehern arbeiten, vor allem, weil Hühnervögel aufgrund moderner Landwirtschaft keine großen Überlebenschancen auf Feld und Flur mehr haben.
Vizslas, Setter, und Pointer haben einen sehr hohen Radius von häufig 100 bis 700 Metern und sind deshalb eher nichts für ängstliche Hundebesitzer, die ihren Hund nicht aus den Augen verlieren wollen.

SONDERMODELLE

Manche Rassen haben noch ein paar zusätzliche Eigenschaften zu ihren ursprünglichen Aufgaben in petto.

Zu den Sondermodellen gehören der Weimaraner und der Rhodesian Ridgeback.
Weimaraner sind klassische Vorstehhunde und haben nicht nur ein sehr enges Verhältnis zum Menschen, sie sind auch sehr sanfte Hunde und möchten nicht hart angefasst werden. Allerdings besitzen sechs von zehn Weimaranern in ihrer Ursprünglichkeit ein weiteres Verhalten, das im Freilauf schwierig sein kann: Sie besitzen den sogenannten »Jagdschutz« oder die »Mannschärfe«. Das bedeutet, dass sie durchaus mal einen Fahrradfahrer abfangen oder nach ihm schnappen oder einen Pilzsucher im Wald stellen. Der Ursprung dieses Verhaltens liegt in den Notwendigkeiten früherer, harter Zeiten, als Jäger in großen Wäldern sehr weit alleine mit dem Hund unterwegs waren. Während oder nach Kriegszeiten wurde den Jägern von hungernden Familienvätern oft aufgelauert, bis sie ein Stück Wild geschossen hatten, um sie dann zu überfallen und ihnen die Beute abzunehmen. Zu ihrem Schutz brauchten die Jäger Hunde, die eine gewisse Mannschärfe an den Tag legten, wie die Gebirgsschweißhunde, Hannoveranischen Schweißhunde, Dackel oder eben die Weimaraner.
Der **Rhodesian Ridgeback**, der hierzulande zwar als Vorstehhund auch für die Schwarzwildjagd eingesetzt wird, gehört eigentlich gleichzeitig auch zu den Packern. Er wurde ursprünglich dafür verwendet, in Afrika Großwild in Schach zu halten, bis der Jäger den Löwen abschießt: Entsprechend seiner Aufgabe hat der Ridgeback eine deutliche Wildschärfe, wobei sein Radius beim Spaziergang im Gegensatz zu den anderen Vorstehrassen längst nicht so hoch ist.

DIE PACKER

Packer-Rassen sind Rottweiler, Dogo Argentinos oder Fila Brasilero, wobei die Filas wohl mehrere Jobs besaßen: sowohl als Wachhunde mit sehr hohem Trieb wie auch zur Großwildjagd. Außerdem wird ihnen nachgesagt, dass sie auf Rinderfarmen dazu eingesetzt werden, junge Rinder niederzudrücken, damit sie gebrandmarkt werden können. Alle Packerrassen besitzen Wildschärfe, wobei die Rottweiler heutzutage richtige Überraschungseier sind – sie sind entweder hinreißende, kleinkindähnliche explodierte Stofftiere – oder sie besitzen einen sehr starken Schutztrieb, der gut gelenkt werden muss, oder sie sind echte Jäger mit einer sehr hohen Aggressionsbereitschaft Wild gegenüber. In einer Gruppe mit mehreren Hunden können sie für Wild sehr gefährlich werden, denn sie verfallen schnell in das Verhalten der Meutejagden aus dem Mittelalter. Man nennt den Trieb dieser Hunde in der Fachsprache auch »Bereitschaft, Schaden zuzufügen«.

DER PODENCO

Der Podenco Ibicenco ist eine ganz alte Jagdhundrasse, die bis heute in ihrer Heimat zur Jagd von Kaninchen, Hasen und größerem Wild eingesetzt wird. Er ist ein unglaublich effizienter Allrounder, der nicht nur den

Herdenschutzhunde und ihre Mischlinge wollen respektvoll, ruhig und mit Bedacht angesprochen werden.

ausgeprägten Hetztrieb der eigentlichen Windhunde besitzt, sondern auch mit Sicht und Gehör jagt, ein hervorragender Spurenleser ist und sehr gut apportiert. Ist der Podenco erst einmal im Jagd-Modus, setzt mit allen Sinnen gleichzeitig die Wildschärfe ein – selbst wenn sie nur auf eine Maus gerichtet sind. Er wird gewöhnlich in der Meute zur Jagd genutzt, wobei die Meute zumeist aus mehreren Hündinnen und höchstens einem Rüden besteht, denn die Rüden sind untereinander oft sehr streitlustig und nicht zur Zusammenarbeit bereit. Der Radius des ausgesprochen schnellen Podencos beträgt oft mehrere hundert Meter.

HÜTEHUNDE

Die Hütehundrassen sind berühmt dafür, extrem eng mit dem Menschen zusammenzuarbeiten. Sie halten Blickkontakt, sind sehr leicht mit Spielzeug und Keksen zu begeistern und bleiben gewöhnlich nahe beim Menschen in einem Abstand von zehn, maximal 30 Metern. Hütehunde lernen sehr schnell und haben eine hohe Kooperationsbereitschaft, weshalb

JAGDHUNDERASSEN FÜR DIE ARBEIT NACH DEM SCHUSS

Von den Jagdhunden für die Arbeit nach dem Schuss gibt es deutlich weniger, genau genommen nur drei Gruppen: Retriever, Wasser- und Schweißhunde.

Diese Hunde arbeiten normalerweise in einem engeren Radius »um den Menschen herum« (»normalerweise« deshalb, weil auch manche Schweißhunde durchaus einen brackenartigen Charakter zeigen können). Ihre Ruhe, das konzentrierte Verharren neben seinem Menschen und allgemeine Nervenfestigkeit ermöglichen dem Jäger, sich ganz auf das Jagdgeschehen zu konzentrieren und »zum Schuss« zu kommen. Ein guter Retriever oder Wasserhund soll in der Lage sein, die Flugbahn der beschossenen Vögel zu verfolgen, sich deren Fallstellen über einen längeren Zeitraum zu merken und nach dem entsprechenden Kommando auf direktem Wege alle einzusammeln – dadurch muss er eben nicht weiträumig das Gelände absuchen, sondern bleibt sozusagen zwischen Vogel und Jäger. Alle diese Hunde sollen leichtführig sein, gerne mit dem Menschen zusammenarbeiten und auch auf große Distanzen noch gut lenkbar sein.

sie sehr leicht zu trainieren sind – allerdings reagieren sie auf alles, was sich schnell bewegt. Sie suchen nicht nach Spuren, nehmen keine Witterung auf und horchen nicht auf andere Tiere – es geht ausschließlich um sich schnell bewegende Objekte (auch weit in der Ferne), was bei ihnen reflexhaft Hüte- bzw. Jagdverhalten auslösen kann. Hüteverhalten an sich ist eigentlich nichts anderes als Jagdverhalten, nur wurden durch gezielte Selektion die letzten Sequenzen des Jagdverhaltens weggezüchtet, also Packen, Töten und Fressen. Tatsächlich erlebt man immer wieder Hütehunde, die »ihre« Schafe ernsthaft packen und verletzen. In früheren Zeiten behielten solche Hunde ihren Job nicht lange und gingen ganz sicher nicht in die Zucht. Heutzutage kommt es aber immer wieder vor, dass Hütehunde Radfahrer jagen und z. T. auch ernsthaft verletzen, weil ihnen die allerletzte Jagd-Sequenz eben doch nicht fehlt. Ins übliche Beuteschema von Hütehunden passen Jogger, Fahrradfahrer, Motorräder, Trecker, Autos, Skateboardfahrer und Inlineskater. Alles, was schnell vorbeifährt,

Der Australian Cattle Dog ist ein harter, arbeitsamer, robuster Arbeitshund mit unendlicher Energie. Seine Aktivität und seinen Arbeitseifer kann das Familienleben nur schwer befriedigen.

kann einen Verfolgungsreiz beim Hütehund auslösen – manche steigern sich dabei so hinein, dass sie zwicken oder hochspringen. Hütehunde müssen von klein auf lernen, alles, was sich schnell bewegt, in Ruhe zu lassen (siehe Übung S. 182). Sie lassen sich Wiederholungen gerne gefallen, man muss aber aufpassen, dass man aus ihnen keine Arbeitsjunkies macht. Sie haben eine sehr schnelle Adrenalinausschüttung und können sich sehr schnell extrem hochpushen, was bedeutet, dass ihr Stresslevel permanent sehr hoch ist.

HERDENSCHUTZHUNDE

Auch Herdenschutzhunde können hervorragend jagen – sie sind richtige Selbstversorger, die sehr gut für sich sein können ohne jegliche Abhängigkeit vom Menschen. Wenn man mit Herdenschutzhunden arbeitet, muss man wirklich sehr genau wissen, was man von ihnen möchte. Wer bei diesen Hunden im Freilauf nicht absolut präsent ist, dem wird vom Herdenschutz die Berechtigung abgesprochen, ein Kommando überhaupt nur auszusprechen (dass sie es erst recht nicht ausführen, versteht sich wohl von selbst). Bei diesen Hunden geht es nie um Spielzeug, um Kekse oder Lob – es geht darum, auf welche Weise man ihnen ein Kommando gibt, mit welcher Präsenz man ihnen gegenüber auftritt und mit welchem Respekt man sie behandelt: Dann tun sie auch, worum man sie bittet. Wenn Sie selbst auch nur ein bisschen an Ihrer Anweisung zweifeln, tun diese Hunde so, als hätten sie einen nicht gehört.
Wenn diese Hunde ein bewegliches Objekt am Horizont sehen, reagieren sie anders als alle anderen Hunde: Sie heften ihren Blick daran fest und laufen dabei ein paar Schritte in dessen Richtung und beobachten. Einen Herdenschutzhund mit einem Kehrum-Pfiff aus dem Beobachtungsmodus zurückzurufen, ist fast unmöglich: Er wird sich nicht dazu überreden lassen, sich von dem Reiz abzuwenden. Die wohl einzige Möglichkeit, die der Mensch hat, ist, dem Hund das Kommando »Sitz« oder »Steh« auf Entfernung bei menschlichen Reizen zuverlässig beizubringen – denn die werden nicht gejagt, höchstens gestellt. Bei Wild dagegen lassen sich Herdenschutzhunde sehr gut mit dem Kehrum-Pfiff abrufen. Das Kommando muss allerdings sehr gut und mit viel Geduld und Durchhaltevermögen trainiert werden, was wahrscheinlich etwas länger dauert, weil diese Hunde sich gar nicht so weit vom Menschen entfernen, dass sich oft genug Übungsmöglichkeiten bieten.
Dafür sind Wiederholungen ganz überflüssig: Wenn der Herdenschutzhund einmal etwas verstanden hat, ist das Thema auch abgehakt.

VON JÄGERN UND GEJAGTEN – WIE MAN SICH IM WALD VERHÄLT

So wie es für das Zusammenleben zwischen Mensch und Hund im urbanen Umfeld Regeln gibt, so gibt es auch auf Wald und Flur bestimmte Benimmregeln, an die sich alle halten sollten.

Auch wenn wir Ihnen nun auf zweihundert Seiten erklärt haben, wie man dem jagdlich interessierten Hund beibringt, sich auch in Anwesenheit von Wild und anderen Ablenkungen im Freilauf »anständig« zu benehmen, wollen wir betonen: Bei aller Liebe zum Hund und zur Freiheit dürfen wir nicht vergessen, dass wir uns in Wald und Flur im Wohnzimmer des heimischen Wildes bewegen. Wir sind dort zu Besuch und müssen uns entsprechend rücksichtsvoll verhalten – wir haben es unsererseits ja auch nicht gerne, wenn Fremde in unserem Wohnzimmer herumstapfen, ihre Schuhe auf unser Sofa legen und sich so benehmen, dass wir uns in unserem eigenen Zuhause nicht mehr wohlfühlen.
Es ist nicht unser Wald. Wenn uns ein Jäger ermahnt, müssen wir uns an seine Bitten halten – auch wenn sie manchmal nicht gerade diplomatisch geäußert werden. Man muss sich auch vorstellen, dass ein Jäger gesetzlich verpflichtet ist, eine festgelegte Anzahl an Wild pro Jahr abzuschießen – und da hat er es nun endlich geschafft, sich ein Zeitfenster freizuräumen, sitzt endlich auf dem Hochsitz und wartet womöglich schon seit Stunden auf bestimmtes Wild – da marschiert ein Hundehalter mit seinen Hunden

munter pfeifend und rufend durch den Wald, und das Wild macht sich auf und davon. Dass der Jäger sich darüber nicht freut, lässt sich sehr gut nachvollziehen.

Ganz egal, wie man zur Jagd und zu Jägern steht: Sie haben im Wald mehr Rechte als wir. Der Jäger muss und soll per Gesetz die Rechte des Wildes verteidigen. Der Hundehalter will die Rechte seines Hundes verteidigen, die durch Leinenzwang und Hundeverordnungen sowieso so eingeschränkt werden, dass es fast nur mit sorgfältiger Planung und einem gewissen Mut zum Ungehorsam möglich ist, seinen Hund wirklich artgerecht zu halten.

Die Interessen von Jäger und Hundehalter scheinen grundsätzlich unvereinbar. Aber Tatsache ist: Der Jäger ist *verpflichtet*, den Hundehalter auf die Vorschriften zum Schutz des Wildes hinzuweisen, er muss (§ 19a BJagdG) darauf »hinwirken«, dass Waldbesucher die Vorschriften, die zum Schutz des Wildes erlassen wurden, auch einhalten. Wenn ein Polizist sieht, dass Sie im Halteverbot parken, hat er gar keine andere Wahl, als Sie auf Ihren Verstoß hinzuweisen. So geht es dem Jäger auch. Ihn dafür anzuschnauzen, hilft der Situation auch nicht weiter.

Es geht dem Jäger nicht nur um den Schutz des Wildes, er hat auch einen Vertrag mit dem Bauern, dessen Felder er vor Wildschäden schützen muss (die aber entstehen, wenn das Wild gehetzt wird), er muss im Winter dafür sorgen, dass das Wild sich in Ruhe an der Fütterung aufhalten kann, damit es im Wald nicht zu großen Verbissschäden kommt. Dem einen Bauern schießt er zu viele Rehe, dem anderen viel zu wenige. Der eine Bauer verlangt die Ausrottung der Füchse, während sein Nachbar mit jedem geschossenen Fuchs eine unaufhaltsame Mäuseplage auf sich zukommen sieht. Überall wird gemäht oder Gülle ausgetragen, an den Walrändern weidet das Vieh. Dazwischen die Hundehalter, die den Wald nicht kennen und keine Ahnung haben, welches Wild wo in Deckung liegt. Der Jäger soll schießen, das verlangt das Gesetz – aber wo?

Um fair zu bleiben: Der Jäger hat es wirklich auch nicht leicht.

Dazu kommt, dass sehr viele Jäger selber Hunde haben inklusiver aller Herausforderungen, die das eben so mit sich bringen kann – und nicht zuletzt deshalb gut wissen, wie miserabel Hunde erzogen sein können. Jeder, der viel im Wald zu tun hat, hat schon Wild gefunden, das angefahren oder gerissen wurde, oder angefahren und anschließend von Hunden gerissen wurde. Oft ist es dann noch lange nicht tot – ein Anblick, der

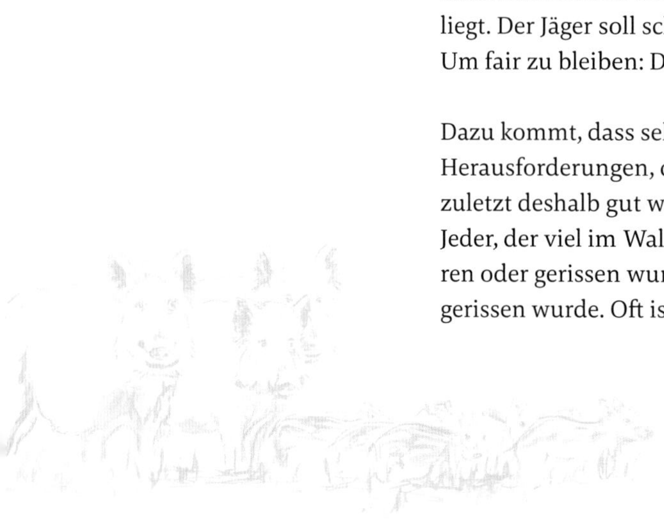

nicht nur Spaziergängern durch Mark und Bein geht, sondern auch Jägern und Forstbeamten, die durchaus geübt sein sollten im Töten. Aber an Leiden gewöhnt man sich nicht, und das ist auch gut so.
Übrigens sind mit Beginn der Jagdsaison auch die Jäger dämmerungsaktiv. Sie sitzen zumeist schon eine Stunde vor Sonnenaufgang auf dem Ansitz, und mindestens ein bis zwei Stunden vor Sonnenuntergang. Sollten Sie also zu diesen Zeiten den Geländewagen des Jägers am Waldeingang stehen sehen, drehen Sie einfach wieder um und gehen Sie woanders spazieren. So machen Sie sich nicht unbeliebt und stören das Wild nicht.

WIE VERHÄLT SICH WILD?

Weil die Reviere immer enger und durch Straßen und Wohngebiete eingegrenzt werden, liegt Wild häufig nur fünf bis zehn Meter vom Waldweg entfernt in der Deckung – das können sowohl harmlose Rehe sein wie auch Hasen, aber auch nicht ganz so friedliche Wildschweine, die sehr unwirsch reagieren können, wenn sie im Schlaf gestört werden, und

Ja, wo laufen sie denn? Das Wild ist häufig viel näher, als man denkt.

Hunde ernsthaft verletzen können, wenn sie erschreckt oder angegriffen werden. Besonders die Bachen mit ihren Frischlingen reagieren auf Störenfriede sehr unangenehm und können gefährlich werden.
Wenn Rehwild vor einem Hund flieht, wird der Hund es normalerweise so lange verfolgen, bis er es aus den Augen verliert. Sehr hartnäckige oder brackenartige Hunde können sehr ausdauernd ein Reh über eine lange Strecke verfolgen. Weil Rehe sehr territorial sind, werden sie etwa ein bis fünf Kilometer weit fliehen, dann aber wieder in ihren Einstand zurückkehren (darum funktioniert das sogenannte »Brackieren«: Die Bracke verfolgt das Reh so lange, bis es zurückkommt und dem Jäger sozusagen direkt vor die Flinte läuft). So ähnlich verläuft es auch mit dem Feldhasen, die kehren auch wieder in ihr Wohngebiet zurück. Das bedeutet: Sollte Ihnen Ihr Hund abgehauen sein und nach der Verfolgungsjagd zurückkommen, leinen Sie ihn an und gehen Sie nicht davon aus, dass er nun seinen Spaß gehabt hat und das Rehwild sowieso verscheucht ist. Es könnte gut sein, dass Sie dem Reh von eben später noch einmal begegnen. Und noch so eine Hatz hat das arme Reh nicht verdient.

Feldhasen ruhen in ihren Sassen, wie man das nennt: einer Kuhle im Gras, auf dem Feld oder im Wald. Hasen haben die Angewohnheit, bei Gefahr bis zur letzten Sekunde in Ihren Sassen zu verharren, sodass sie dann genau direkt vor Ihnen oder Ihrem Hund aufschrecken und davonspringen, wenn Sie zu nahe kommen. Bleiben Sie wachsam und versuchen Sie nicht zu erschrecken.

Im Gegensatz zu Feldhasen leben Kaninchen in Bauten. Im ersten Moment können sie schneller sein als ein Hase und schlagen auch viele Haken, verschwinden dann aber bald unter der Erde. Der Hund wird also nicht sehr weit weg laufen. Vorsicht aber bei kleinwüchsigen Hunden wie Dackel oder kleinen Terrierrassen – Katharina hat ein gefühltes halbes Leben damit verbracht, ihre alte Terriermischlingshündin aus Kaninchen-Hochburgen auszugraben und pflegte daher einen sehr guten Kontakt zu dem Nachbarn, der einen Frontlader besaß.

Auch das sogenannte Federwild, wie zum Beispiel die Fasane, Wachteln oder Rebhühner, sitzen nicht weit vom Wegrand entfernt. Es sind oft die Feldränder mit höherem Bewuchs oder die schmalen Bewässerungsgräben, die zu ihrem Schutz dienen. Bei vielen Vogelhunden wie Setter, Pointer, Deutscher Wachtel oder Münsterländer kann man gut beobach-

Rehwild tritt meistens frühmorgens oder in der Dämmerung aus seiner Deckung.

ten, dass sie im Freilauf am Feld besonders gerne diese erhöhten Feldränder absuchen. Es ist schon fast so, als hätten diese Hunde ein genetisch eingebautes Navigationssystem, um Hühnervögel ausfindig zu machen. Die meisten Wildtiere sind dämmerungsaktiv. Rehwild verbringt z. B. den Tag vor allem im Wald, auf Lichtungen und Kahlschlägen, und wenn es ausreichend Deckung gibt, dann auch auf den Feldern. Zur Äsung treten sie in den frühen Morgenstunden, am Vormittag und in der Abenddämmerung heraus –wichtig für Hundeleute, die gerne früh morgens oder nach der Arbeit mit ihrem Hund joggen gehen.

WER BRAUCHT WANN SEINE RUHE?

Im Frühjahr ist die sogenannte Brut- und Setzzeit. In manchen Bundesländern gibt es dann Leinenpflicht, und zwar in Berlin, Brandenburg, Bremen, Hamburg, Niedersachsen, Schleswig-Holstein und Nordrhein-Westfalen. In den meisten Bundesländern gilt das für die Zeit vom 1. April bis zum 15. Juli, in Bremen liegt der Anfangstermin bereits im März. Informationen hierzu finden Sie in der Regel auf der Homepage des Forstverbandes.

In den Wiesen sitzen die Bodenbrüter und im Schilf die Enten, Blesshühner und Schwäne. Im März/April (zu Ostern) ist es Zeit für die Junghasen, im Mai/Juni liegen die Rehkitze. Gerade die Kitze sind schwer gefährdet, weil sie häufig nur wenige Meter neben dem Weg in hohen Wiesen oder Büschen liegen. Hundebesitzer merken das erst, wenn ihr Hund ein schreiendes Kitz im Maul hat – und das, obwohl er an der Schleppleine war.
Halten Sie Ihren Hund zu dieser Jahreszeit auf dem Weg oder suchen Sie sich Spaziergehwege in Gebieten aus, wo es nur wenig Rehwild gibt, wie Parks, in der Nähe von Flughäfen oder bestimmten Dammwegen.

Im Juli und August, wenn es gerne mal so richtig heiß ist, kommt das Rehwild in die Paarungszeit, die Brunft. Die Rehe geraten in den absoluten Hormonrausch und benehmen sich, als hätten sie nicht alle Tassen im Schrank. Meistens vormittags und auch am Nachmittag treibt der Bock die Ricke vor sich her, wobei es durchaus passieren kann, dass sie einem direkt über die Füße rennen. Auch die Jäger sind zur Rehbrunft übrigens vormittags auf dem Ansitz.
Der Winter wiederum bedeutet aus anderen Gründen Gefahr für das Wild. Viel Schnee bedeutet wenig zu fressen für das Wild. Pflanzenfresser leben jetzt sozusagen auf Sparflamme: Sie senken ihren Puls und ihre Körpertemperatur. Hirsche und Rehwild können ihren Herzschlag von normalerweise 60 auf 30 Schläge pro Minute senken. Aber das macht sie auch sehr langsam. Sogar das Herumlaufen auf Nahrungssuche kann bedeuten, dass durch die Bewegung mehr Energie verbraucht wird, als mit dem kargen Futter überhaupt aufgenommen werden kann.
Die Beweglichkeit der Tiere ist so stark eingeschränkt, dass das Wild selbst bei Störungen vermeintlich ruhig stehen bleibt: Sie sind aber nicht zahm oder »gar nicht im Stress« – im Gegenteil. Eine solche Situation stresst die Tiere enorm, das wiederum verbraucht Energie. Eine Flucht wird nur hinausgezögert, weil sie *noch* mehr Energie verbrauchen würde. Werden die Tiere ständig aufgeschreckt – sei es durch Jogger, Spaziergänger oder gut gelaunte Hunde abseits der Wege – überleben sie im schlimmsten Fall den Winter nicht.

»Tierliebe darf nicht beim eigenen Hund aufhören. Bringen Sie Ihrem Hund also bei, auf dem Weg zu bleiben und ›Weiter!‹ zu gehen.«

ES GEHT AUCH MITEINANDER: JÄGER UND HUNDEBESITZER

Hundebesitzer und Jäger begegnen sich grundsätzlich niemals unvoreingenommen friedlich, sondern immer in der Erwartung, dass es jetzt Ärger gibt. Der Jäger, weil er dem Hundebesitzer sagen muss, dass er seinen Hund nicht durchs Unterholz/über die Frühlingswiesen/im Dunkeln durch den Wald rennen lassen soll, der Hundebesitzer, weil er seinem Hund Freilauf ermöglichen möchte, obwohl er weiß, dass er gerade etwas Unrechtes tut, und außerdem gehört hat, dass Jäger auf Hunde schießen. Hundebesitzer und Jäger begegnen dabei immer dem jeweiligen Vorurteil, das sie von dem anderen haben, und konzentrieren sich vor allem auf ihre Emotionen anstatt auf den Austausch von Informationen. Das können Sie ändern.

Sollten Sie einen Jäger treffen, nehmen Sie Ihren Hund erst einmal an die Leine, damit Sie sich in Ruhe auf das Gespräch konzentrieren können. Gehen Sie ruhig auf den Jäger zu – egal, wie der Jäger auf Sie zustapft –, strecken Sie ihm Ihre Hand entgegen und stellen Sie sich vor: Das entwaffnet, und er wird sich Ihnen wahrscheinlich schon vor lauter Schreck ebenfalls vorstellen, weil Sie so höflich und souverän waren.
Sobald Sie sich nämlich vorgestellt haben, sind Sie kein anonymer blöder Hundebesitzer mehr, sondern Frau Ilse Meier mit dem kleinen Cockerspaniel Nelson, die sich mit dem Jagdpächter Willi Schmidt unterhält. Das ändert schon einmal alles.

Zeigen Sie sich interessiert. Fragen Sie, ob er der Jagdpächter, ein Revier-Mitgeher oder gar der Revierförster ist, erkundigen Sie sich, von wo bis wo das Revier reicht und wie groß es ist. Fragen Sie ihn, ob es irgendwo einen Bereich gibt, wo Sie Ihren Hund ableinen und/oder mit ihm trainieren können: Jeder Jäger hat bestimmte Waldgebiete, die ihm praktisch heilig sind, weil dort viel Wild steht, während es andere Gebiete gibt, in denen kaum etwas läuft und es gar nicht stört, wenn man dort spazieren geht. Sie werden sehen: Das Gespräch ist nicht nur interessant, es kann sogar richtig nett werden.
Das Wunderbare ist, dass auch der Jäger das Gespräch mit Ihnen als angenehm in Erinnerung behalten wird und Sie nun einen Freund in der Umgebung mehr haben. Wenn Ihnen Ihr Hund einmal abhauen sollte (und sei es aus Angst oder Panik), wird er Ihnen möglicherweise auch bei der Suche nach ihm behilflich sein.

Lassen Sie sich unbedingt seine Nummer geben, damit Sie ihn im Fall der Fälle gleich kontaktieren und um Hilfe bitten können. Niemand hat etwas gegen verantwortungsvolle und bemühte Hundehalter.

ABER JÄGER SCHIESSEN DOCH AUF HUNDE!

In Wirklichkeit schießen Jäger so gut wie nie auf Hunde. Die Fälle, die man zu hören bekommt, sind unglaublich selten angesichts der Zahl von ca. 435 000 Jägern in Deutschland (Zahl von 2024, veröffentlicht durch den DJV), die potenziell legalen Zugriff auf Waffen haben.
Zum Erschießen eines Hundes braucht man erst einmal die geeignete Waffe. Dann muss der Schütze auch noch im richtigen Abstand zum Hund stehen – was auch eher selten ist. Und dann muss er auch noch treffen… Und wenn er dann schießt, ist der Teufel los. Denn die Tötung eines – aktiv wildernden – Hundes ist so eingegrenzt, dass das Ganze üble Folgen für den Jäger hat, wenn der Abschuss nicht 100-prozentig durch den Jagdschutz gedeckt ist. Was er zumeist nicht ist. In Baden-Württemberg gibt es gar seit 1. Juni 2016 ein »Haustiergesetz«, nach dem es dem Jäger überhaupt verboten ist, Hunde und Katzen zu schießen, ohne vorher durch die Polizei eine Erlaubnis einzuholen. Und das dauert.

Tatsache ist dennoch, dass nach dem Bundesjagdschutzgesetz (§ 23 BJagdG) das Wild vor ihm drohenden Gefahren, wie insbesondere wildernden Hunden, geschützt werden muss.
Laut § 25 Abs. 4 wird den »zur Ausübung des Jagdschutzes berechtigten Personen« grundsätzlich die Möglichkeit eingeräumt, einen *aktiv* wildernden Hund zu erschießen. Ab wann ein Hund wildert, ist auch gesetzlich festgelegt: Hunde gelten dann als wildernd, wenn sie »im Jagdbezirk außerhalb der Einwirkung ihres Führers Wild aufsuchen, verfolgen oder reißen«. Der Hund muss also eine gegenwärtige Gefahr für das Wild sein, denn nicht jeder im Jagdbezirk frei laufende Hund löst das »Jagdschutzbedürfnis« aus: nicht der Hund also, der sich lediglich in das Revier verirrt hat und erkennbar nicht wildert, sondern nach Hause will. Auch von einem Dackel, der ein gesundes Reh verfolgt, geht keine Gefährdung aus, und auch von keinem Pekinesen – egal, ob er so tut, als sei er der König der Löwen. »Eine Gefahr für das Wild besteht auch dann nicht, wenn es sich um einen Hund handelt, der bereits nach seiner körperlichen Beschaffenheit und Konstitution ersichtlich nicht in der Lage ist, dem Wild nachzustellen und zwar in einem nennenswerten Ausmaß« – also kein alter, kein erschöpfter, kein stark lahmender Hund.

Bei der Ausübung der sogenannten »Tötungsbefugnis« ist *der Grundsatz der Verhältnismäßigkeit* zu beachten. Die Tötung muss also zum Schutz des Wildes erforderlich sein, das heißt, der Hund muss zum Zeitpunkt der Tötung tatsächlich eine Gefahr für das Wild sein, während gleichzeitig keine anderen, milderen Maßnahmen möglich sein dürfen, um den Hund vom Wildern abzuhalten und das Wild zu schützen.

Eine vom Jagdschutz nicht gedeckte Tötung kann des Weiteren auch nach dem Tierschutzgesetz (§ 17 TierSchG) bestraft werden. Durch eine »mangelnde Tötungsbefugnis« macht sich der Jäger nicht nur strafbar und gegenüber dem Eigentümer des Hundes schadensersatzpflichtig, sondern riskiert vielmehr durch sein unüberlegtes Handeln auch den Verlust seines Jagdscheines wegen »Vermutung der Unzuverlässigkeit« (§ 5 WaffG). Waffenbesitzkarte und Jagdschein werden dann für ungültig erklärt und entzogen.

Sollte Ihnen ein solcher Fall zu Ohren kommen, müssen Sie unbedingt handeln. Erhebliche Verstöße gegen geschriebene oder ungeschriebene Regeln der Waidgerechtigkeit sind keine »Kavaliersdelikte« und sollten deshalb dem Jagdverband und der zuständigen Jagdbehörde zur Kenntnis gebracht werden, damit die erforderlichen Schritte eingeleitet werden können, um Wiederholungen auszuschließen.

Behalten Sie Ihre Hunde bei sich auf dem Weg, lassen Sie sie nicht in hohem Gras herumtoben, wenn Sie nicht abschätzen können, ob dort etwas in Deckung liegt – dann wird kein Jäger etwas gegen Sie oder Ihre Hunde haben.

ZUM SCHLUSS

WAS NUN ALSO TUN MIT DIESEN VIELEN INFORMATIONEN, DEN GANZEN TIPPS UND ÜBUNGEN?

Wir haben Ihnen die drei Säulen vorgestellt, die im Zusammenleben mit einem Hund Hand in Hand gehen: Erziehung – Training – Führung. Das eine funktioniert nur mit dem anderen.

Sie haben jetzt die Hausaufgabe, Ihren Hund und sich selbst ganz neu und »ganz von vorne« zu beobachten und zu entscheiden, welche der Übungen (wenn nicht alle) für Sie und Ihren Hund hilfreich sind, um Ihre Ziele zu erreichen.

Wenn die Übungen in diesem Buch Ihnen und Ihrem Hund helfen, den gemeinsamen Alltag und Ihre Spaziergänge in Zukunft zu erleichtern und entspannter zu gestalten, dann freuen wir uns – denn wir wollen doch eigentlich alle das Gleiche: einen ruhigen Spaziergang mit unserem vierbeinigen besten Freund, auf dem wir gemeinsam kleine Abenteuer erleben, die Zeit haben, interessante Dinge zu sehen, unseren Gedanken nachzuhängen und uns darüber zu freuen, wie schön, gelassen und gut gelaunt der Hund in nächster Nähe ist.

Wenn eine Übung einmal nicht funktionieren sollte – oder es nach einem »Durchbruch« plötzlich wieder Rückschritte gibt – , dann lassen Sie sich nicht entmutigen. Im Gegenteil: Werden Sie neugierig. Spielen Sie Detektiv und überlegen Sie, woran es gelegen haben könnte. Schulen Sie Ihre Selbstwahrnehmung und finden Sie heraus, was Sie beim nächsten Mal anders machen könnten, um wieder auf die Erfolgsschiene zu kommen. Lernen Sie, die Welt aus der Sicht Ihres Hundes zu sehen, damit Sie gegebenenfalls eine Ihrer Handlungen, Ihre Körpersprache, Ihre Stimmung, Ihre Stimme etc. ändern können, um eine bessere Kommunikation – und damit Kooperation – mit ihm zu erreichen.

Wenn Sie dieses Buch durcharbeiten – und dann nochmal –, könnte es Vieles verändern, was über gewöhnliches Hundetraining weit hinausgeht. Schließlich sind Hunde dafür da, aus uns bessere Menschen zu machen.

REGISTER

BÜCHER UND ADRESSEN

BÜCHER:

Beck, Elisabeth: *Wer denken will, muss fühlen: Mit Herz und Verstand zu einem besseren Umgang mit Hunden.* Kynos

Bloch, Günther/Radinger Elli H.: *Wölfisch für Hundehalter: Von Alpha, Dominanz und anderen populären Irrtümern.* Franckh-Kosmos Verlag

Böhm-Reithmeier, Inga: *Die Magie der Konsequenz: Für eine erfolgreiche Hundeerziehung von großen und kleinen Hunden.* Franckh-Kosmos Verlag

Feddersen-Petersen, Dorit U.: *Hundepsychologie: Sozialverhalten und Wesen. Emotionen und Individualität.* Franckh-Kosmos Verlag

Gansloßer Udo/Krivy, Petra: *Verhaltensbiologie Hund - Praxisbuch: Wie Rasse, Geschlecht, Aussehen und Alter das Verhalten beeinflussen.* Franckh-Kosmos Verlag

Horrowitz, Alexandra: *Was denkt der Hund? Wie er die Welt wahrnimmt – und uns.* Spektrum Akademischer Verlag

McConnell, Patricia B.: *Das andere Ende der Leine.* Kynos

Schlegl-Kofler, Katharina: *Rückruf-Training für Hunde.* Gräfe und Unzer Verlag

Von der Leyen, Katharina/ Böhm-Reithmeier, Inga: *Die zweite Chance: Hunde mit Vergangenheit.* Franckh-Kosmos Verlag

Von der Leyen, Katharina: *Welpen-Praxisbuch.* Gräfe und Unzer Verlag

Ziemer-Falke, Kristina/Ziemer, Jörg: *Gelassen Gassi gehen: Das effektive Training für stressfreie Hundebegegnungen, Leinenführigkeit und sicheren Freilauf.* Gräfe und Unzer Verlag

Ziemer-Falke, Kristina/Ziemer, Jörg: *Wie ich meinen Hund endlich verstehe: Von Bellen bis Schwanzwedeln: Hundeverhalten entschlüsseln.* Gräfe und Unzer Verlag

ZEITSCHRIFTEN:

Dogs. Ein Herz für Tiere Media GmbH, München, www.herz-fuer-tiere.de

Der Hund. FORUM Zeitschriften und Spezialmedien GmbH, www.derhund.de

Partner Hund. Ein Herz für Tiere Media GmbH, München, www.herz-fuer-tiere.de

ADRESSEN:

Verband für das Deutsche Hundewesen (VDH) e.V.
Westfalendamm 174
44141 Dortmund
www.vdh.de

Österreichischer Kynologenverband (ÖKV)
Siegfried-Marcus-Straße 7
A-2362 Biedermannsdorf
www.oekv.at

Schweizerische Kynologische Gesellschaft (SKG)
Thalstraße 49
CH-4710 Balsthal
www.skg.ch

INTERNETSEITEN:

www.besterhund.de
www.lumpi4.de
www.leyen-hundefutter.de

Inga Böhm-Reithmeier, Katharina von der Leyen und Harry, Gretel und Fritz, die ihrerseits auch Einiges zu diesem Buch beigetragen haben.

DIE AUTORINNEN

Inga Böhm-Reithmeier, professionelle Hundetrainerin, Coach, Autorin und Referentin. Aufgewachsen in einer Jägerfamilie mit integrierter Bracken-Zucht, hat sich die ausgebildete Tierarzthelferin schon von Kindesbeinen an mit der Führung von Jagdgebrauchshunden sowie nichtjagdlich geführten Tieren beschäftigt. Sie hat von vielen Experten aus dem In- und Ausland gelernt, doch die eigentlichen Lehrer waren die vielen Hundepersönlichkeiten, denen sie im Laufe der Jahre begegnete und die sie trainieren durfte. Seit den 90ern begleitet sie Menschen und ihre Hunde, um gemeinsam deren Ziele zu erreichen, und hat sich auf einen entspannten und sicheren Freilauf spezialisiert. Heute schreibt Inga Böhm-Reithmeier als Fachautorin erfolgreich über das Thema Hundeerziehung aus langjähriger Praxiserfahrung, hält europaweit unterhaltsame Vorträge und Workshops rund um das Thema Hund und bietet das ´BesterHund-Lernkonzept´ für Hundehalter und angehende Hundetrainer an. Sie lebt mit ihrem Mann, zwei Töchtern, vier Jagdgebrauchshunden, einem Pony und zwei Ziegen in Oberbayern.

Wenn **Katharina von der Leyen** als kleines Kind gesucht wurde, konnte man sie mit Sicherheit in irgendeinem Hundekorb finden. Sie wuchs zwischen Jagdhunden auf und war ihr Leben lang nie ohne Hund – außer in dem einen Jahr, als sie in Australien arbeitete, wo sie eigentlich für die australische VOGUE arbeitete, dort aber kündigte, um stattdessen im Zoo von Sidney als Tierpflegerin bei den Seehunden zu arbeiten. Zurück in Deutschland machte sie ein Praktikum bei dem Wolfsforscher Erik Ziemen, bevor sie für ein Jahrzehnt in New York, Paris und Los Angeles lebte und vor allem über Schauspieler und Künstler schrieb. Zwischendurch arbeitete sie ein Jahr als Cowgirl auf einer Ranch in New Mexico mit Rindern, Australian Shepherds und Cattle Dogs. Wieder in Deutschland schrieb sie ihr erstes Hundebuch, »Charakterhunde«, dem damals ersten Rassenführer, der sich intensiv auch mit den fürs Familienleben schwierigen Eigenschaften der unterschiedlichen Rassen beschäftigte. Sie hat im Laufe ihrer Arbeit über Hunde die unterschiedlichsten Trainer und Verhaltensbiologen beobachten und kennenlernen dürfen, von Jean Donaldson über Karen Pryor hin zu Cesar Millan, Pat Miller, Thomas Baumann, Dr. Feddersen-Petersen oder Turid Rugaas. Am allermeisten hat sie aber von ihren eigenen Hunden und den verschiedenen Pflegehunden gelernt. Bis heute hat Katharina von der Leyen noch keinen Hund getroffen, den sie nicht mochte.

LIEBE LESERIN, LIEBER LESER,

wie wunderbar, dass Sie sich für ein Buch von GU entschieden haben! In unserem Verlag dreht sich alles darum, mit gutem Rat Ihr Leben schöner, erfüllter und einfacher zu machen. Unsere Autorinnen und Autoren sind echte Expertinnen und Experten auf ihren Gebieten, die ihr Wissen mit viel Leidenschaft mit Ihnen teilen. Und unsere erfahrenen Redakteurinnen und Redakteure stecken viel Liebe und Sorgfalt in jedes Buch, um Ihnen ein Leseerlebnis zu bieten, das wirklich besonders ist. Qualität steht bei uns schon seit jeher an erster Stelle – jedes Buch ist von Büchermenschen für Buchbegeisterte gemacht, mit dem Ziel, Ihr neues Lieblingsbuch zu werden.

Ihre Meinung ist uns wichtig, und wir freuen uns sehr über Ihr Feedback und Ihre Empfehlungen – sei es im Freundeskreis oder online.

Viel Spaß beim Lesen und Entdecken!

PS: Hier noch mehr GU-Bücher entdecken: www.gu.de

DIE BÜCHERMENSCHEN HINTER DEM PROJEKT

Verlagsleitung: Nadja Harzdorf-van Wickeren
Projektleitung: Maria Hellstern, Julia Herko
Lektorat: Regina Denk
Cover & Layout: ki 36, Editorial Design, Bettina Stickel
Satz: Christopher Hammond
Herstellung: Sandra Mulitze
Fotografie: Meike Böhm
Illustration: Zita Schlegel
Reproduktion: Longo AG, Bozen
Druck & Bindung: Firmengruppe APPL, aprinta druck, Wemding

www.gu.de/kontakt | hallo@gu.de

GU ist eine eingetragene Marke der GRÄFE UND UNZER VERLAG GmbH

1. Auflage 2026,
ISBN: 978-3-7589-0136-2

Aktualisierte Neuausgabe des Titels »Leinen los!« 2015, ISBN 978-3-8338-4734-9

WERDEN SIE TEIL DER GU-COMMUNITY!

Sie und Ihre Familie, Ihr Haustier, Ihr Garten oder einfach richtig gutes Essen. Egal, wo Sie im Leben stehen: Als Teil unserer Community entdecken Sie die neuesten GU-Bücher als Erstes, Sie genießen exklusive Leseproben und werden mit wertvollen Impulsen und kreativen Ideen bereichert.

Worauf warten Sie? Seien Sie dabei!

www.gu.de/gu-community

© Bernhard Haselbeck

FÜR DIE UMWELT

Dieses Buch wurde auf PEFC-zertifiziertem Papier aus nachhaltiger Waldwirtschaft gedruckt. Aus Liebe zur Natur verwenden wir leichtes Papier.

WICHTIGER HINWEIS

Die Gedanken, Methoden und Tipps in diesem Buch basieren auf den Erfahrungen unserer Autorinnen und Autoren. Sie wurden nach bestem Wissen erstellt und mit größtmöglicher Sorgfalt geprüft. Weder die Autoren noch der Verlag können jedoch für eventuelle Nachteile oder Schäden, die aus den im Buch gegebenen praktischen Hinweisen resultieren, eine Haftung übernehmen.

WARUM UNS DAS BUCH BEGEISTERT

So gelingt endlich der sichere, vertrauensvolle und entspannte Freilauf, ganz ohne Sorgen.

Nadja Harzdorf-van Wickeren, Verlagsleitung

BILDNACHWEIS

Cover: **DEEPOL by plainpicture/John Alexander**
U4: **Inga Böhm-Reithmeier**
Alle Fotos in diesem Buch stammen von **Meike Böhm**, mit Ausnahme von:
Maike Müller: 211, **Nicole Munninger:** 14, **Shutterstock:** 208, 213.
Illustrationen: **Zita Schlegel**.

DIE FOTOGRAFIN

Meike Böhm hat Photodesign an der ibKK in Bochum Wattenscheid studiert und ist seit 2005 selbstständig tätig. Durch ihre intuitive Fähigkeit, sich in Situationen einzufühlen, schafft sie eine freudvolle Atmosphäre, in der Mensch und Tier sich gerne und ehrlich zeigen. Sie nimmt das Licht, so wie es kommt, und fängt dabei die Stimmung auf eine Art ein, als wäre der Betrachter des Bildes selbst dabei gewesen.